国家公园生态体验项目：国内外经验及普达措国家公园实践研究

邱守明　孙　倩　王赛赛　耿荣敏　著

中国农业出版社
北　京

图书在版编目（CIP）数据

国家公园生态体验项目：国内外经验及普达措国家公园实践研究 / 邱守明等著 . —北京：中国农业出版社，2023.7

ISBN 978-7-109-29318-2

Ⅰ. ①国…　Ⅱ. ①邱…　Ⅲ. ①国家公园－生态环境－研究－香格里拉县　Ⅳ. ①S759.992.744

中国版本图书馆 CIP 数据核字（2022）第 059396 号

中国农业出版社出版

地址：北京市朝阳区麦子店街 18 号楼

邮编：100125

责任编辑：陈　瑨

版式设计：杨　婧　　责任校对：刘丽香

印刷：北京中兴印刷有限公司

版次：2023 年 7 月第 1 版

印次：2023 年 7 月北京第 1 次印刷

发行：新华书店北京发行所

开本：720mm×960mm　1/16

印张：9.25

字数：180 千字

定价：68.00 元

前　言

国家公园思想最初起源于美国，主要受到荒野保存主义思想、进步主义资源保护思想、深层生态学思想的影响。1872年，美国建立了世界上第一个国家公园——黄石国家公园，此后一个多世纪里，国家公园在全球范围内蓬勃发展，100多个国家和地区已建立了超过3 800个风情各异、规模不等的国家公园。1969年，世界自然保护联盟在第十届大会上将国家公园的管理目标定义为两项，即保护生态系统和提供游憩机会。随着国家公园的建设和发展，世界各地的国家公园在保护生态环境的前提下为公众提供了各具特色的游憩活动，在满足公众多元游憩需求的同时实现了资源保护与开发利用的双赢。

2013年，党的十八届三中全会通过的《中共中央关于全面深化改革若干重大问题的决定》提出要“建立国家公园体制”，自此我国国家公园建设拉开帷幕。2015年，国务院批转国家发展和改革委员会《关于2015年深化经济体制改革重点工作的意见》，提出要在我国9个省份启动国家公园体制试点。从2015年至今，《生态文明体制改革总体方案》《建立国家公园体制总体方案》《关于建立以国家公园为主体的自然保护地体系的指导意见》等一系列重要文件陆续出台，为我国国家公园的建设指明了方向。其中《建立国家公园体制总体方案》提出国家公园的首要功能是重要自然生态系统的原真性、完整性保护，同时兼具科研、教育、游憩等综合功能，未来国家公园需合理利用自然资源，开展多样化的生态体验项目，以实现国家公园综合功能，推动国家公园生态产品价值实现，进一步完成国家公园“国家所有、全民共享、世代传承”的战略目标。

云南省在1996年借鉴国外经验，率先开展了国家公园这一新型自然保护地模式的研究，经过10年的研究和等待，经国家林业局批准，迪庆藏族自治州政府于2006年通过地方立法成立香格里拉普达措国家公园，2008年6月国家林业局批准云南省为国家公园建设试点省，探索具有中国特色的国家公园建设和发展思路。2015年国家公园体制试点启动后，普达措国家公园被列为全国10个国家公园建设试点之一。通过多年对国家公园建设的研究与实践，云南省在国家公园环境保护、改善民生、游憩发展等方面取得了一定的成效，为我国国家公园建设积累了宝贵的经验。

本书选择普达措国家公园为案例地，普达措国家公园位于三江并流世界自然遗产地的核心区，是全球三大生物多样性热点同时汇集的区域，也是藏族、汉族、白族、纳西族、傈僳族、彝族等多民族文化的交流和融合地，得天独厚的自然资源和人文资源为普达措国家公园提供国民游憩奠定了良好的基础，自2007年6月21日普达措国家公园正式运营以来，为国内外访客提供了多种生态体验项目与服务，取得了一定的生态效益、社会效益和经济效益。但与此同时，普达措国家公园在游憩发展过程中，还存在一些不足，如生态体验项目大多停留在观光层面、结构单一、文化内涵挖掘不深、不能满足访客深层次的体验需求，无法充分发挥国家公园应有的自然教育功能，等等。

为了更好地推进普达措国家公园的建设，使其在国家公园理念下合理地开展生态体验项目，提升供给质量，全书分为“国内外经验篇”和“普达措实践篇”两个部分。国内外经验篇旨在分析、总结国内外国家公园生态体验项目的发展经验，为我国国家公园生态体验项目发展提供思路和借鉴，着重梳理了南极洲外其他6大洲20个国家200个国家公园的生态体验项目形式及发展经验，总结、归纳了国外国家公园生态体验项目的类别，同时也对三江源国家公园的生态体验项目进行了分析总结。在普达措实践篇中，通过对普达措国家公园的调研，总结普达措国家公园的生态体验项目发展现状、存在问题及创新可能性，并结合国内外国家公园生态体验项目发展经验，提出未来普达措国家公园设计开发生态体验项目的相关建议。

本书在调研过程中得到了香格里拉普达措国家公园管理局、迪庆州旅游集团有限公司普达措旅业分公司相关工作人员的大力支持，西南林业大学地理与生态旅游学院的硕士生任红颖、尹瑞杉、李梦娟参与了本书的实地调研，在此一并表示感谢！

本书的出版得到了云南省哲学社会科学规划项目（YB2018021）的资助，特此鸣谢！

由于作者水平有限，书中难免存在不足之处，敬请广大专家和读者批评指正。

目　录

前言

上篇：国内外经验

第一章　绪论 …… 3
　一、研究背景 …… 3
　　（一）国家公园的发展 …… 3
　　（二）国家公园游憩特殊性 …… 12
　二、问题的提出 …… 13
　三、研究内容 …… 13
　四、研究方法 …… 14
　五、技术路线 …… 15
第二章　国内外研究回顾及述评 …… 16
　一、国家公园游憩研究 …… 16
　二、生态体验研究 …… 17
　三、生态体验项目研究 …… 18
　四、游客感知差异研究 …… 19
　五、游客偏好研究 …… 20
　六、研究述评 …… 22
第三章　国内外国家公园生态体验项目现状 …… 24
　一、国外国家公园生态体验项目现状 …… 24
　　（一）亚洲国家公园生态体验项目现状 …… 24
　　（二）非洲国家公园生态体验项目现状 …… 33
　　（三）北美洲国家公园生态体验项目现状 …… 37

（四）南美洲国家公园生态体验项目现状 …… 42
（五）欧洲国家公园生态体验项目现状 …… 46
（六）大洋洲国家公园生态体验项目现状 …… 56
（七）国外国家公园生态体验项目汇总 …… 60
二、国外国家公园经典案例 …… 61
（一）美国黄石国家公园生态体验项目简介 …… 61
（二）美国阿卡迪亚国家公园生态体验项目简介 …… 62
（三）加拿大班夫国家公园生态体验项目简介 …… 64
（四）英国峰区国家公园生态体验项目简介 …… 65
（五）法国拉瓦努瓦斯国家公园生态体验项目简介 …… 67
（六）澳大利亚卡卡杜国家公园生态体验项目简介 …… 68
（七）新西兰峡湾国家公园生态体验项目简介 …… 69
（八）日本知床国家公园生态体验项目简介 …… 71
（九）日本富士箱根伊豆国家公园生态体验项目简介 …… 73
（十）韩国智异山国家公园生态体验项目简介 …… 75
（十一）南非克鲁格国家公园生态体验项目简介 …… 76
（十二）巴西潘塔纳尔马托格罗索国家公园生态体验项目简介 …… 78
三、三江源国家公园生态体验项目现状 …… 79
四、经验及启示 …… 82

下篇：普达措实践

第四章　普达措国家公园基本情况 …… 85
一、普达措国家公园建设历程 …… 85
二、普达措国家公园游憩发展历程 …… 86
三、普达措国家公园资源情况 …… 88
（一）自然条件 …… 88
（二）自然资源 …… 90
（三）人文资源 …… 92
（四）景观资源 …… 94

（五）游憩资源 …… 94
第五章　普达措国家公园生态体验项目研究 …… 96
一、普达措国家公园生态体验项目现状 …… 96
二、普达措国家公园访客满意度研究 …… 98
三、普达措国家公园访客感知差异研究 …… 99
四、本章小结 …… 101
第六章　普达措国家公园生态体验项目创新研究 …… 103
一、普达措国家公园管理方创新意愿调查 …… 103
二、普达措国家公园生态体验项目清单设计 …… 106
三、普达措国家公园生态体验项目设计 …… 110
四、普达措国家公园生态体验项目偏好研究 …… 111
（一）数据采集及描述性统计分析 …… 112
（二）生态体验项目偏好影响因素分析 …… 115
（三）小结 …… 122
第七章　结论及对策建议 …… 124
一、结论 …… 124
二、对策建议 …… 125
（一）项目设计 …… 125
（二）营销方式 …… 127
（三）经营方式 …… 128
（四）访客管理 …… 129

参考文献 …… 132

上篇：

国内外经验

第一章　绪　　论

一、研究背景

（一）国家公园的发展

1. 国外国家公园的发展

“国家公园”一词，最先由美国艺术家乔治·卡特林提出，他写道“它们可以被保护起来，只要政府通过一些保护政策设立一个大公园，一个国家公园，其中有人也有动物，所有的一切都处于原生状态，体现着自然之美”（朱春全，2016）。建立“国家公园”曾被誉为“美国最好的想法”，美国自1872年建立了黄石国家公园以来，逐渐形成了世界上建设最早且管理完备的国家公园体系，在全世界范围内掀起了建立国家公园的浪潮；紧随美国之后，加拿大借鉴黄石国家公园的发展模式，于1887年在艾伯塔建立了国内第一个国家公园——班夫国家公园，1911年设立了国家公园管理机构，开辟了世界各国国家公园管理的先河；澳大利亚于1879年在悉尼南部建立了世界上第一个由人工建造的国家公园——皇家国家公园；新西兰于1887年建立了国内第一个国家公园——汤加里罗国家公园；1930年前后国家公园运动漂洋过海，南非于1926年、日本于1931年相继建立了其国内的第一个国家公园。国家公园运动的大规模发展是在第二次世界大战以后，随着战后经济的逐步复兴和各国人民收入的不断提高，人们的游憩需求日益增大，在这种情况下，已设置国家公园的国家开始扩大国家公园的数量，南美洲、亚洲和非洲等许多发展中国家也相继建立自己的国家公园体系（黄耀雯，1998）。

世界各国在国家公园运动发展的最初几十年间，由于各自的经济发展程度、土地利用形态、历史背景及行政体制等方面的不同，它们对国家公园的认识包括名称、内涵标准、管理机构等方面存在相当大的差异。为了理清思路、统一认识、规范国家公园的发展，1969年世界自然保护联盟和联合国教育、科学及文化组织（以下简称联合国教科文组织）在新德里世界自然保护联盟第十次大会上正式接受美国的概念，确立了国家公园的国际标准。随后世界自然保护联盟又在几次会议上对国家公园的概念进行了修改和完善，最终将国家公园定义为“一国政府对某些在天然状态下具有独特代表性的自然环境区划出一定范围而建立的公园，属国家所有并由国家直接管辖，旨在保护自然生态系统和自然地貌的原始状态，同时又作为科学研究、科学普及教育和提供公众游乐、了解和欣赏大自然神奇景观的场所”，这个定义被100多个国家广泛认同。

截至2020年，世界上已经有200多个国家和地区建立了自己的国家公园，各国也在国家公园发展过程中探索出了不同的国家公园管理体制，总体上可归纳为中央集权型、地方自治型和综合管理型3大类。中央集权型的管理模式以中央集权为主，自上而下实行垂直领导并辅以其他部门合作和民间机构的佐助，此类国家公园管理模式以美国、挪威、泰国为代表；在地方自治型的管理模式中，中央政府只负责政策发布、立法等工作，而具体管理则交由地方政府负责，此类国家公园管理模式以德国、澳大利亚为代表；而综合管理型则兼有上述两类体制的特点，此类国家公园管理模式既有政府部门的参与，地方政府又有一定的自主权，且私营和民间机构也十分活跃，以加拿大、芬兰、英国为代表（官卫华，姚士谋，2007）。自国家公园建立以来，除宏观的管理体制外各国还根据各自的国情探索出一套适用于自身发展的管理体系，如表1-1所示（肖练练等，2017）。从总体上看，国家公园的管理有两大理念：基于生态系统导向理念和基于社区发展导向理念。在发展中国家和发达国家公园管理过程中，两大理念运用的侧重程度不同：发达国家较为注重采用多种手段维护生态系统完整性，发展中国家则更侧重于协调国家公园发展与周边利益相关者的关系，实现收益共享。

表1-1　部分国家和地区国家公园管理经验

国家和地区	管理经验
美国	支持基础生态研究；可接受改变极限；游客体验与资源保护；长期环境监测；制定国家公园温室气体排放清单；适应性管理
日本	公园管理采用自下而上的决策方法；建立覆盖政府边界和涉及当地社区的公园管理系统

（续）

国家和地区	管理经验
加拿大	分区管理
南非	土地改革；制定旅游发展政策、水供应政策、大象管理制度
丹麦	聘请专家成立咨询小组
荷兰	门户社区管理
墨西哥	严格的公园生态系统检测；加强利益相关者之间的交流；环境宣传和教育；公园组织结构调整；优化资金来源；债务-自然资源转换
斐济	社区参与生态旅游发展；民主治理
乌干达	收益共享、协同资源管理协议
南威尔士	公私合作模式

2. 国内国家公园的发展

（1）国内保护地的发展

新中国成立以来，特别是改革开放以来，我国的自然生态系统和自然遗产保护事业快速发展，并取得了显著成绩。我国自然保护地建设经过 60 多年的发展，形成了自然保护区、风景名胜区、森林公园、地质公园、湿地公园、沙漠（石漠）公园、海洋特别保护区、水利风景区和水产种质资源保护区等多种类型的传统自然保护地类型（表 1-2），基本覆盖了我国绝大多数重要的自然生态系统和自然遗产资源（唐芳林等，2018a）。

1956 年经国务院批准，中国科学院华南植物研究所在鼎湖山建立了我国第一个自然保护区——鼎湖山国家级自然保护区，从此拉开了我国建立自然保护区的序幕；鼎湖山国家级自然保护区位于广东省肇庆市鼎湖区，距广州市西南 100 公里，总面积约 11.33 公里^2，保护区主要保护对象为南亚热带地带性森林植被；保护区内生物多样性丰富，是华南地区生物多样性最富集的地区之一，被生物学家称为“物种宝库”和“基因储存库”，它不仅是我国第一个自然保护区，也是第一批加入“联合国人与生物圈”自然保护网的 3 个自然保护区之一。1982 年 9 月 25 日，经国务院批准，将原来的张家界林场正式命名为“张家界国家森林公园”，我国第一个国家森林公园诞生；1992 年 12 月，因其奇特的石英砂岩大峰林，张家界国家森林公园被联合国列入《世界遗产名录》，又于2004年2月被列入世界地质公园。于2005年由国家林业局批准设立的西溪国家湿地公园是我国第一个国家湿地公园，位于浙江省杭州市区西部，离西湖不到5公里，总面积近12公里^2；湿地内河流总长100多公里，以河港、池塘、湖漾、沼泽为主。武威沙漠公园位于甘肃省武威市城东22公里处的腾格里沙漠边缘，始建于1986年，占地面积8公里^2，是我国第一个国家沙漠公园，被誉为“沙海第一园”。

表1-2　传统自然保护地分类表

保护地类型	资源要素	保护对象	功能分区	保护利用强度	管理部门
自然保护区	自然生态系统、自然遗迹、重要野生动植物栖息地	具有典型代表性的自然资源	核心区、缓冲区、实验区	核心区禁止人类活动及任何建设，仅在实验区允许部分游客活动，建设必要的旅游设施	国务院环境保护、林业、农业、地质矿产、水利、海洋等有关行政主管部门
风景名胜区	山体资源、水体资源、生物多样性资源、动植物资源	自然景观和人文景观相交融的风景资源	一级保护区、二级保护区、三级保护区	大部分区域允许游客活动，允许餐娱住宿服务设施及周边衔接设施建设	国务院建设主管部门、文化和旅游部及地方各级旅游局
森林公园	森林自然景观、地文资源、森林植被等	以森林资源为主的自然景观和人文景观	生态保育区、核心景观区、一般游憩区、管理服务区	生态保育区仅允许科研人员活动和必要设施建设，核心景观区限流游客，大部分区域允许游客活动，允许餐娱住宿服务设施及周边衔接设施建设	国家林业和草原局
地质公园	地质遗迹、地质景观	以地质遗迹为主的自然景观和人文景观	特级保护区、一级保护区、二级保护区、三级保护区、游客服务区	特级保护区仅允许科研人员活动和必要设施建设，一级保护区限流游客，大部分区域允许游客活动，允许餐娱住宿服务设施及周边衔接设施建设	自然资源部
湿地公园	湿地内生物资源及生态环境资源	以湿地资源为主的自然景观和人文景观	保育区、恢复重建区、宣教展示区、合理利用区、管理服务区	保育区仅允许科研人员活动和必要设施建设，恢复重建区限流游客，大部分区域允许游客活动，允许餐娱住宿服务设施及周边衔接设施建设	国家林业和草原局

（续）

保护地类型	资源要素	保护对象	功能分区	保护利用强度	管理部门
沙漠（石漠）公园	原生沙漠生态系统、沙漠景观资源、野生动植物资源	以沙漠资源为主的自然景观和人文景观	生态保育区、宣教展示区、沙漠体验区、管理服务区	生态保育区仅允许科研人员活动和必要设施建设，宣教展示区限流游客，大部分区域允许游客活动，允许餐娱住宿服务设施及周边衔接设施建设	国家林业和草原局
海洋特别保护区	海洋生态景观、独特地质地貌景观	以海洋资源为主的自然景观和人文景观	重点保护区、生态与资源恢复区、适度利用区、预留区	重点保护区仅允许科研人员活动和必要设施建设，大部分区域允许游客活动，允许餐娱住宿服务设施及周边衔接设施建设	自然资源部
水利风景区	水利风景资源、水利工程景观	以水利风景资源为主的自然景观和人文景观	保护区、游览区、服务区、管理区	保护区限流游客，大部分区域允许游客活动，允许餐娱住宿服务设施及周边衔接设施建设	水利部
水产种质资源保护区	水生生物资源及生态环境资源、养殖、种质景观	以水产种质资源为主的自然景观和人文景观	核心区、实验区	核心区限流游客，大部分区域允许游客活动，允许餐娱住宿服务设施及周边衔接设施建设	水利部

在我国60多年的自然保护地事业发展中，各类自然保护地建设管理还缺乏科学完整的技术规范体系；保护对象、目标和要求还没有科学的区分标准；同一个自然保护区部门割裂、多头管理、碎片化现象还普遍存在；社会公益属性和公共管理职责不够明确，土地及相关资源产权不清晰，保护管理效能不高，盲目建设和过度开发现象时有发生。为解决这些问题，2013年在党的十八届三中全会上通过的《中共中央关于全面深化改革若干重大问题的决定》提出要“加快生态文明制度建设”“建立国家公园体制”，自此我国自然保护地建设与发展进入新时代。目前我国自然保护地包括国家公园、自然保护区和自然公园三种类型，现已建立国家级自然保护地3 520处，各级各类自然保护地总面积220万公里^2（含交叉重叠），约占陆域国土面积的18%。有效地保护了全国90%的典型陆地生态系统类型、85%的野生动物种群、65%的高等植物群落、18%的天然林、62%的天然湿地和近30%的重要地质遗迹（张守攻，2021）。

（2）国家公园的体制建设

2013 年 11 月，党的十八届三中全会通过的《中共中央关于全面深化改革若干重大问题的决定》中明确提出要“建立国家公园体制”，这标志着构建以国家公园为主体的自然保护地体系成为我国自然保护地建设的重要工作内容。2014 年 2 月，中央全面深化改革领导小组会议将“试点建立国家公园体制”列为年度 12 项生态文明改革任务之一。在经历了各部门各自解读的“盲人摸象”时期之后，2015 年 1 月国家发展和改革委员会等 13 部委联合印发了《建立国家公园体制试点方案》，开启了“摸着石头过河”的国家公园体制试点。2015 年 5 月发布的《中共中央　国务院关于加快推进生态文明建设的意见》提出，建立国家公园体制，实行分级、统一管理，保护自然生态和自然文化遗产原真性、完整性。从 2015 年到 2017 年，《生态文明体制改革总体方案》《建立国家公园体制总体方案》等一系列重要文件陆续出台，为我国国家公园的建设指明了方向并提出我国将于 2020 年基本构建国家公园体制。2017 年 10 月 18 日党的十九大召开，进一步明确了要建立以国家公园为主体的自然保护地体系。2018 年 3 月，《深化党和国家机构改革方案》提出成立国家林业和草原局，加挂国家公园管理局的牌子，统一行使各类自然保护地管理职责，改变了多年来自然保护领域“九龙治水”多头管理的局面，在我国自然保护史上具有重要的里程碑意义，也标志着我国的国家公园发展进入了新纪元。2019 年 1 月 23 日，《关于建立以国家公园为主体的自然保护地体系指导意见》经中央全面深化改革委员会第六次会议审议通过，创新自然保护地管理体制机制被提上日程。2019 年 11 月 5 日，党的十九届四中全会的《中共中央关于坚持和完善中国特色社会主义制度、推进国家治理体系和治理能力现代化若干重大问题的决定》指出，加强对重要生态系统的保护和永续利用，要构建以国家公园为主体的自然保护地体系，建立健全国家公园保护制度。历经了近 8 年的时间，以国家公园为主体的自然保护地体系从无到有，我国国家公园工作逐步推进，稳步前行。

2015 年 1 月，国家发展和改革委员会等 13 部委联合通过了《建立国家公园体制试点方案》。该方案确定了北京、吉林、黑龙江、浙江、福建、湖北、湖南、云南、青海共 9 个国家公园体制试点省份，要求每个试点省份选取 1 个区域开展试点。2015 年 12 月 9 日，中央全面深化改革委员会第十九次会议审议通过了《中国三江源国家公园体制试点方案》，三江源成为我国第一个得到批复的国家公园体制试点。随后神农架（2016年5月）、武夷山（2016年6月）、钱江源（2016年7月）、南山（2016年7月）、普达措（2016年10月）、长城（2017年1月）、东北虎豹（2017年3月）、祁连山（2017年6月）、大熊猫（2017年8月）9个国家公园体制试点均得到批复，正式开始试点建设工作。其中由于机构协调、面积大小、“长城”这一概念的整体性导致的有关核心价值保护等问题，“长城”退出了国家公园试点。2019年1月23日，中央全面深化改革委员会第六次会议审议通过《海南热带雨林国家公园体制试点方案》，海南热带雨林国家公园正式加入国家公园体制试点行列。目前全国已建成三江源（青海）、大熊猫（四川、甘肃、陕西）、东北虎豹（吉林、黑龙江）、神农架（湖北）、钱江源（浙江）、南山（湖南）、武夷山（福建）、普达措（云南）、祁连山（青海、甘肃）和热带雨林（海南）10处国家公园体制试点（表1-3），总面积约22万公里^2。其中东北虎豹、祁连山、大熊猫国家公园体制试点依托国家林业和草原局驻地专员办成立了国家公园管理局，实现了跨省份的统一管理，同时与有关省份分别成立了协调工作领导小组，共同推进试点工作。青海、海南均成立了省级政府直属的国家公园管理局，统一行使其国家公园范围内的管理事权，明确了主体责任；其他各省份国家公园体制试点区也分别成立了专门的国家公园管理机构。

表1-3 我国国家公园体制试点概况

试点名称	概况
三江源国家公园	三江源是长江、黄河和澜沧江的源头地区，是我国重要的淡水供给地，维系着全国乃至亚洲水生态安全命脉，是全球气候变化反应最为敏感的区域之一，也是我国生物多样性保护优先区之一
大熊猫国家公园	总面积达2.7万公里^2，涉及四川、甘肃、陕西三省。尽管大熊猫的灭绝风险从“濒危”下调为“易危”，但其栖息地碎片化问题严重。国家公园体制试点加强大熊猫栖息地廊道建设，连通相互隔离的栖息地，实现隔离种群之间的基因交流
东北虎豹国家公园	野生东北虎是世界濒危野生动物之一，目前仅存不到500只，被《世界自然保护联盟濒危动物红色名录》列为极危物种，其野生数量只有50只左右，大部分生活在中俄边境地带。东北虎豹国家公园体制试点选址于吉林、黑龙江两省交界的广大区域
神农架国家公园	位于湖北省西北部，拥有被称为“地球之肺”的亚热带森林生态系统、被称为“地球之肾”的泥炭藓湿地生态系统，是世界生物活化石聚集地和古老、珍稀、特有物种避难所
钱江源国家公园	位于浙江省开化县，这里是钱塘江的发源地，拥有大片原始森林，是我国特有的世界珍稀濒危物种、国家一级重点保护野生动物白颈长尾雉、黑麂的主要栖息地

（续）

试点名称	概况
南山国家公园	位于湖南省邵阳市城步苗族自治县，试点区整合了原南山国家级风景名胜区、金童山国家级自然保护区、两江峡谷国家森林公园、白云湖国家湿地公园 4 个国家级保护地，还新增了非保护地但资源价值较高的地区
武夷山国家公园	武夷山是全球生物多样性保护的关键地区，保存了地球同纬度最完整、最典型、面积最大的中亚热带原生性森林生态系统，也是珍稀、特有野生动物的基因库
普达措国家公园	位于云南省迪庆藏族自治州香格里拉市，拥有丰富的生态资源，如湖泊湿地、森林草甸、河谷溪流、珍稀动植物等，原始生态环境保存完好
祁连山国家公园	祁连山是我国西部重要生态安全屏障，是我国生物多样性保护优先区域、世界高寒种质资源库和野生动物迁徙的重要廊道，还是雪豹、白唇鹿等珍稀野生动植物的重要栖息地和分布区
海南热带雨林国家公园	位于海南省中部山区，东起吊罗山国家森林公园，西至尖峰岭国家级自然保护区，南自保亭县毛感乡，北至黎母山省级自然保护区，是亚洲热带雨林和世界季风常绿阔叶林交错带上唯一的大陆性岛屿型热带雨林，规划总面积 4400 余公里^2

截至 2020 年，我国已完成自然保护地勘界立标并与生态保护红线衔接，制定了自然保护地内建设项目负面清单，构建了统一的自然保护地分类分级管理体制，以国家公园为主体、自然保护区为基础、各类自然公园为补充的自然保护地管理体系逐渐形成，三类自然保护地在资源条件、管理目标、资源分区等方面均具有不同的特征，如表 1-4 所示。2021 年 3 月，国家林业和草原局（国家公园管理局）局长、党组书记关志鸥提到目前我国自然保护地体系建设提速，国家公园试点任务基本完成，2021 年将正式设立第一批国家公园。

表 1-4　保护地体系调整后自然保护地类型及特征

保护地类型	国家公园	自然保护区	自然公园
资源条件	具有最重要的自然生态系统、最独特的自然景观、最精华的自然遗产、最富集的生物多样性，范围大，生态过程完整，具有全球价值、国家象征，国民认同度高	具有较大面积和典型的自然生态系统，珍稀濒危野生动植物种的天然集中分布区、有特殊意义的自然遗迹的区域	具有重要的自然生态系统、自然遗迹和自然景观，具有生态、观赏、文化和科学价值，可持续利用的区域
管理目标	以保护具有国家代表性的自然生态系统为主要目的，实现自然资源科学保护和合理利用	确保主要保护对象安全，维持和恢复珍稀濒危野生动植物种群数量及赖以生存的栖息环境	确保森林、海洋、湿地、水域、冰川、草原、生物等珍贵自然资源，以及所承载的景观、地质地貌和文化多样性得到有效保护

（续）

保护地类型	国家公园	自然保护区	自然公园
功能分区	核心保护区、一般控制区	核心保护区、一般控制区	不同类型的自然公园功能分区不同，大致分为生态保育区、宣教展示区、一般游憩区、管理服务区
建设限制	严格保护区、生态保育区禁止任何旅游开发，其他分区内禁止破坏性开发	禁止在自然保护区的核心区、缓冲区开展任何开发建设活动，建设任何生产经营设施；在实验区不得建设污染环境、破坏自然资源或自然景观的生产设施	除生态保育区外其他分区限制较少，可开发建设多种景点景区、旅游基础设施
土地管理	确保国有土地占主体地位，将集体土地征收为国有土地，相应的所有权和使用权由国家所有；通过征用、租赁和抵押等方式来实现国家与农民、农民与农民、农民与金融机构之间的集体土地使用权的流转	自然保护区内的国有土地使用者和集体土地所有者可申请办理土地登记，领取土地证书。依法确定的土地所有权和使用权，不因自然保护区的划定而改变，可办理相关手续依法改变土地的所有权或使用权	禁止擅自征收、占用公园土地，确需征收、占用的，用地单位应当征求省级林业主管部门的意见后，方可依法办理相关手续
经营开发	实行特许经营，经过竞争程序优选受许人，依法授权其在国家公园内开展规定期限、性质、范围和数量的非资源消耗性经营活动	由自然保护区所在政府主导，与符合条件的生态旅游企业共同经营	可以由公园经营管理机构单独经营或同其他单位或个人以合资、合作等方式联合经营
法规体系	《建立国家公园体制总体方案》；国家林业局 2016 年发出通知倡导“一园一法”，每个国家公园制定相应管理办法或条例	《中华人民共和国草原法》《中华人民共和国自然保护区条例》	《国家湿地公园管理办法》《中华人民共和国森林法》《中华人民共和国环境保护法》《森林公园管理办法》

3. 云南省国家公园的发展

1996 年云南省在美国大自然保护协会的推动下开始规划建设普达措国家公园，2007 年 6 月 21 日普达措国家公园揭牌开始正式运营。2008 年 6 月国家林业局批复同意云南省为国家公园建设试点省，云南省林业厅将普达措国家公园列为由省主导试点工作的国家公园试点单位之一。通过 10 多年的摸索学习，云南建立国家公园体制已取得良好效果，由云南省政府批准建立建成 13 个国家公园，分别为普达措国家公园、独龙江国家公园、保山高黎贡山国家公园、红河大围山国家公园、怒江大峡谷国家公园、丽江老君山国家公园、南滚河国家公园、普洱太阳河国家公园、梅里雪山国家公园、白马雪山国家公园、昭通大山包国家公园、西双版纳热带雨林国家公园、楚雄哀牢山国家公园。这些国家公园的建立不仅在生态资源的保护上成果显著，而且通过结合当地经济社会实际情况对生态资源进行合理开发利用，实现了以生态产业带动区域经济发展，促进了当地群众增收致富（周涛，2019）。2015年，国家发展和改革委员会等13部委联合下发了《关于印发建立国家公园体制试点方案的通知》（发改社会〔2015〕171号），决定在全国9个省份开展国家公园体制试点改革工作，云南省人民政府按照国家要求停止以上13个国家公园的试点工作，将普达措国家公园列为云南省唯一国家公园体制试点改革区。

（二）国家公园游憩特殊性

在世界范围内，国家公园体制的建立和发展已经超过一个世纪，但是在我国仍处于“摸着石头过河”的阶段。从国际经验来看，国家公园不能等同于一般的旅游景区，它兼具保护与发展的双重目的，以保护具有国家代表性的大面积自然生态系统为主要目的，同时还需要发挥科研、教育、游憩等综合功能。国家公园的游憩特殊性最大程度体现在任何生态体验项目都必须将生态保护放在首位，在不破坏公园内生态环境、生态系统的前提下开展。

世界自然保护联盟把自然保护地分为严格自然保护地及荒野保护地、生态系统保育和保护地（国家公园）、自然历史遗迹或地貌、栖息地/物种管理区、陆地/海洋景观保护地、自然资源可持续利用自然保护地等六大类型，并提出了形成自然保护地体系的管理目标。一些国家把国家公园视为保护和游憩兼顾的二类自然保护地类型，而在具有中国特色的自然保护地体系中，要把最应该保护的地方纳入国家公园，禁止开发建设，实行最严格的保护措施，将其上升为顶级自然保护地，由国家直接管理。因此，中国特色的国家公园体制，把国家公园作为一类自然保护地，而不是通常理解的二类。中国将国家公园定位为自然保护地最重要类型之一，将最具有生态重要性、国家代表性和全面公益性的自然生态系统整合进入国家公园，纳入全国生态保护红线区域管控范围，属于全国主体功能区规划中的禁止开发区域，与一般的自然保护地相比，国家公园范围更大、生态系统更完整、原真性更强、管理层级更高、保护更严格，在自然保护地体系中占有主体地位。国家公园具有生态重要性、国家代表性和全民公益性，是构建自然保护地体系的“四梁八柱”，在整个自然保护地体系中处于主体地位（唐芳林等，2018c），因此国家公园必须在保护生态系统的前提下进行适度开发以满足国民的游憩需求。首先国家公园的经营活动必须采用特许经营方式，且限定空间范围（小面积区域）和业务范围（仅为访客服务的餐饮、住宿、交通等非基本公共服务），不同于求新求变、利润至上、完全市场化的经营活动；其次国家公园的经营主体也必须与管理机构剥离，管理者需承担监管者和基本公共服务提供者的职能；最后在游憩发展过程中国家公园应始终坚持生态保护第一，所有与生态保护第一相矛盾的都必须让位于生态保护（苏红巧，苏杨，2018）。

二、问题的提出

在国家公园体制试点基本完成、国家公园总体布局初步形成的背景下，应着重考虑国家公园游憩特殊性，创新开发国家公园生态体验项目，为国家公园生态游憩的良性健康可持续发展提供内生动力。本书通过对国外国家公园、国内三江源国家公园的研究和梳理，获取了可借鉴的发展经验，以云南省国家公园体制试点——普达措国家公园为案例地，通过对管理者、当地社区居民的深度访谈及对访客的问卷调查，从供给和需求两个视角来了解普达措国家公园生态体验项目的现状及存在的问题，结合实地调研结果完成普达措国家公园生态体验项目的设计，为普达措国家公园更好地保护自然环境、提供国民游憩、繁荣地方经济、促进学术研究与自然教育做出相应贡献。

三、研究内容

第一，国外国家公园与国内三江源国家公园生态体验项目梳理。通过对国家公园相关文献的阅读和研究，分别以建立国家公园较早、设立的国家公园知名度高、国家公园建设经验丰富等为原则选取研究对象，确定研究对象后，在各个国家的国家公园官方网站、相关文献、网络游记中提取每个国家的国家公园发展历史、基本情况及各个国家公园生态体验项目的形式与内容，整理分析后将生态体验项目归纳为不同的类别；在国内国家公园中，本书研究了三江源国家公园的形式与内容。

第二，普达措国家公园生态体验项目现状研究。这个部分主要从普达措国家公园生态体验项目的需求侧出发，对游览完普达措国家公园的访客进行访谈和问卷调查，访谈主题及问卷内容均围绕两个方面：一方面是研究访客对普达措国家公园现有生态体验项目的满意度情况，另一方面是研究访客在游览完普达措国家公园后对普达措国家公园的生态体验项目与以往体验过的传统景区旅游产品的差异性感知情况。

第三，普达措国家公园生态体验项目创新条件研究。这个部分主要从普达措国家公园生态体验项目的供给侧出发，通过阅读文献资料、实地调查等方式记录并研究普达措国家公园的资源禀赋，以资源禀赋为基础，结合对普达措管理方的深入访谈，了解管理方对未来普达措国家公园生态体验项目的创新意愿，探究普达措国家公园生态体验项目创新的供给能力。

第四，普达措国家公园生态体验项目设计及访客偏好研究。结合实地调研结果，参考借鉴国内外生态体验项目开发经验，以普达措国家公园生态体验项目现状、访客生态体验项目满意度研究结果、访客感知差异研究结果、普达措国家公园游憩资源为基础，结合普达措国家公园管理方对生态体验项目创新的意见及建议设计了普达措国家公园生态体验项目，并对访客的生态体验项目偏好进行研究，为普达措国家公园未来的生态体验项目设计和开发提供思路及方向。

四、研究方法

1. 文献研究法

通过中国知网、万方数据库、西南林业大学图书馆网、百度学术、Science Direct 等平台研读了关于国家公园、感知差异、旅游者偏好等方面的相关文献，了解了目前最新的研究进展，并对搜集的资料进行归纳整理，为本书的国内外研究回顾及述评，国内外国家公园生态体验项目梳理，访谈提纲与调查问卷提供了思路。

2. 专家访谈法

基于前期对文献的搜集及梳理，设计了访谈提纲，分别对相关领域内的专家学者、普达措国家公园管理局的工作人员、普达措国家公园运营企业的工作人员进行深入访谈，为调查问卷与普达措国家公园生态体验项目创新奠定了基础。

3. 问卷调查法

基于前期的准备工作设计了本书的调查问卷，调查内容为访客的基本情况、对生态体验项目及服务的满意度、感知差异情况及生态体验项目选择偏好等。

4. 数理统计分析法

本书利用软件 SPSS 21.0 对数据进行描述性统计分析、多元无序 Logistic 回归分析等，为普达措国家公园生态体验项目创新提供数据支持，为今后国家公园提供生态体验项目给予对策建议。

五、技术路线

在理清研究的思路和方向后，确定本书的技术路线如图 1-1 所示。

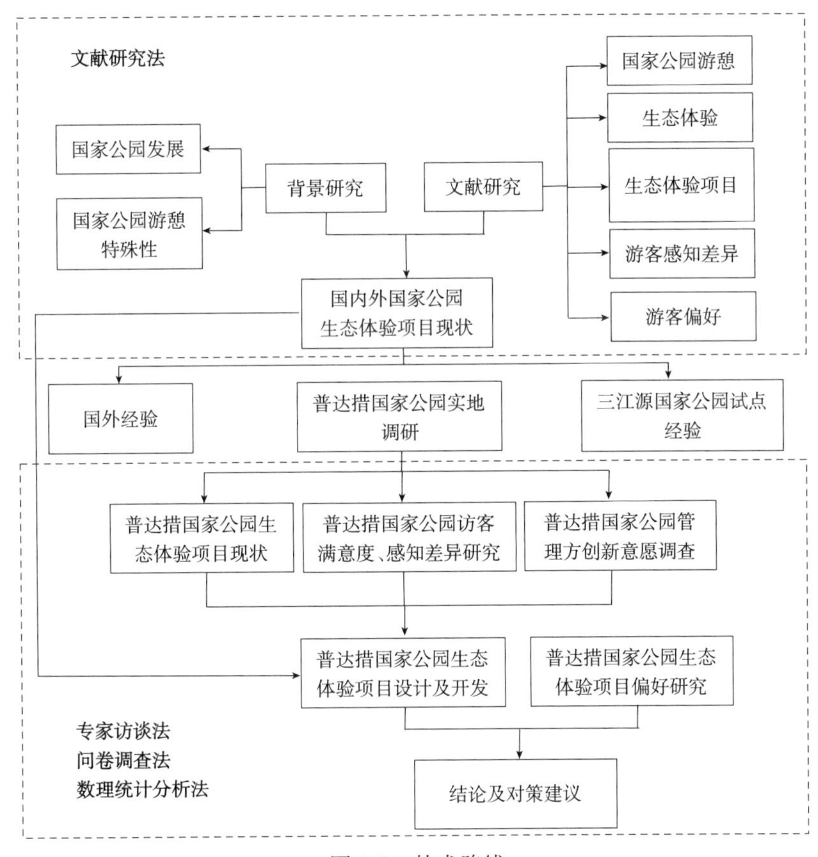

图 1-1 技术路线

第二章　国内外研究回顾及述评

一、国家公园游憩研究

1. 国外研究方面

Jennifer 等（2010）探讨了南非克鲁格国家公园发展旅游业对邻近两个社区的社会经济影响，研究结果表明社区较难从旅游业中获益。Riikka、Jarkko（2013）通过分析芬兰国家公园官方规划文件，总结了 2000—2010 年旅游业在国家公园规划中作用的变化，结果显示在芬兰国家公园规划中旅游业越来越受到重视。Nur、Merve（2015）以土耳其库雷山国家公园为案例地，运用层次分析法研究了国家公园利益相关者（管理者、当地居民、专家和游客）对国家公园开展游憩和旅游活动的看法，结果显示利益相关者均认为国家公园开展游憩和旅游活动会产生不利影响，主要体现在空气和水质方面。Oghenetejri 等（2019）以尼日利亚奥科姆国家公园开展的自然旅游为例，研究了影响游客满意度的因素，结果显示国家公园的管理、解说、可达性和游客的旅游预期是影响满意度的主要因素。Matthew 等（2000）、Hjerpe 和 Kim（2007）分别就旅游业开发对印度尼西亚和美国国家公园社区带来的经济效益进行了研究。Tony（2001）对国家公园的环境承载力进行了定量研究，通过建立承载力模型，定量评估国家公园当前的生态系统是否符合既定的承载力标准。

2. 国内研究方面

田世政、杨桂华（2011）分析了云南普达措国家公园案例后指出，普达措国家公园的旅游管理制度经历了社区共管、自主开发、国企垄断经营、民企租赁经营、国家公园模式五个阶段的变迁。李艳秋（2009）以普达措国家公园为例，研究了国家公园发展旅游循环经济的保障体系，并构建了由法规政策体系、评估指标及监控体系、管理体制体系、科学技术与基础设施建设体系、教育宣传体系、实施的保障体系等六大体系共同构成的保障体系。自然资源保护是国家公园的主要目的，游憩利用是国家公园的重要功能，张玉钧、张海霞（2019）认为要破解国家公园保护与利用的矛盾，需要建立相应的游憩利用规制，并从国家公园游憩利用产权规制、资格规制、教育规制、数量机制、质量机制、价格规制、环境规制、安全规制、信息公开9个方面构建了国家公园游憩利用规制。肖练练等（2017）构建了钱江源国家公园游憩利用适宜性评价体系，运用GIS空间分析工具定量评估了国家公园游憩利用的适宜性，并将其适宜性从低到高依次划分为4个等级，研究结果表明，钱江源国家公园游憩利用适宜性4个等级的面积呈橄榄型分布格局，在适宜性分析结果及国家公园功能分区管理要求的基础上，研究者进一步将钱江源国家公园游憩利用划分为特色农业生产体验区、亚热带森林观光区、野生动物观赏区、亲水溯源体验区、古村落文化体验区、大峡谷体验区六大游憩利用类型。

二、生态体验研究

追根溯源，自中国古代的老子、孔子、庄子和古希腊的亚里士多德开始，就存在生态体验现象，也时有领悟与论述。国内最早是由刘惊铎（2006）提出了生态体验的概念，他将生态体验定义为：人置身于一定的生态关系及生态情境之中，在生态互摄的状态下全息感受、理解和领悟三重生态关系及其结构与功能的生态生灭之道，经历内心感动，诱发和生成生态智慧、生态意识、生态能力的一种过程和境界。方玮蓉（2021）认为生态体验的内涵更加强调一种被优化了的人类生产生活方式，与生态旅游相比，更加强调生态旅游服务的购买者通过生态旅游的行为所获得的心灵震撼、育化感动与教育体验。Moyle等（2017）认为以自然为基础的旅游体验形式是生态体验。魏小安、魏诗华（2004）认为旅游与体验有着直接和天然的联系，而旅游本身就是一种体验。目前，国内部分学者对生态体验的研究多集中在生态体验旅游上。伍晓奕（2005）提出生态体验旅游是以自然与人文生态为对象，以主动参与为主要方式，以人与自然和谐一体为目标，以深层体验和全在感知为行为结果，与传统生态观光休闲的旅游形式相比，生态体验旅游更加注重旅游者在旅游活动中的参与性，以及对生态环境的融入性和自享性。李学江（2005）认为生态体验旅游是高层次的生态旅游，是以欣赏、体验、认知为目的，如热带雨林生态旅游、海洋生态旅游、漂流旅游等，参与者从中可以获得全面的生态感知、生态享受和审美情趣，使得感官愉悦、精神升华，从而留下难以忘怀的生态体验，他主张生态体验旅游的完成需要满足相应的条件：有较强生态意识的旅游者和有较强生态理念的开发商及景区管理商。任唤麟等（2010）基于生态体验旅游内涵探讨、生态资源特点分析、旅游开发价值估算与开发条件 ASEB 栅格分析，结合旅游开发现状，以西洞庭湖湿地为案例地进行生态体验旅游开发研究，提出了西洞庭湖湿地生态体验旅游开发模式。卢睿（2010）选取广西壮族自治区百色市靖西通灵大峡谷景区为调查对象，针对旅游者对生态旅游体验的期望进行面对面问卷调查，分析结果表明，旅游者的生态旅游体验需求集中体现在生态休闲体验、生态观光体验、景区生态性体验和自我实现体验 4 个方面，不同类型的旅游者对生态旅游体验需求具有显著差异，最后提出了生态旅游景区建设和营销的对策与建议。定琦（2016）分析了国外农业生态体验旅游的现状，总结了我国农业生态体验旅游存在的问题并提出了相应的对策。

三、生态体验项目研究

生态体验项目是一个崭新的研究领域，属于生态体验研究、旅游项目研究等交叉性研究范畴。研究中涉及生态体验、旅游项目等概念，通过对这些相关概念的辨析，可以更加清楚地理解生态体验项目的概念。旅游项目指在一定期间内、一定预算范围内，为旅游活动或以促进旅游业目标实现而投资建设的项目。它包括景区景点项目、饭店建设项目、游乐设施项目、旅游商品开发项目、旅游交通建设项目、旅游培训教育基地项目等，涉及食、住、行、游、购、娱等各个方面，贯穿旅游业发展的整个过程（陈安泽，2013）。结合上文对生态体验概念与内涵的辨析，作者认为生态体验项目是以自然为基础，以环境保护为准则，以让参与者获得生态感知、生态享受、审美体验为目的的活动。方玮蓉（2021）在研究三江源国家公园精益化可持续发展模式时将生态体验项目分为环境体验项目、文化体验项目和红色体验项目，其中环境体验项目的特点是地理气候环境具有独特性，不宜规模化生产，但是如若适当开发，对于当地园区内居民来说，是可以平衡的生计之路；文化体验项目的背后是世界非物质文化遗产，同时具有沉溺于园区百姓日常生活的惯常习俗，是最真实的文化表达，在这类体验项目的开发过程中，要针对特定的人群，比如建筑师人群、艺术鉴赏人群等，在完成生态旅游生计化的同时还能实现文化艺术古建筑的保护，真正实现生态体验的内部循环回馈，助力国家公园可持续发展；红色体验项目需要针对特定的主体，由特定的单位承担并组织，以团队化参访的方式进入国家公园，在感受红色教育的同时体验极端气候，体味共产党人曾经的艰辛，而园区内居民可以通过担任项目解说、提供民俗住宿、餐饮等方式参与进来，从而获取利润。

四、游客感知差异研究

国外在游客感知差异方面的研究成果较少，主要集中于不同人群对旅游目的地形象的感知差异。Bonn 等（2005）将环境属性分为两个子类别：旅游目的地环境和目的地服务，选取佛罗里达州原居民、美国国内游客和国际游客为对象，研究这三组游客对目的地环境和服务的评价，结果表明：不同游客对两个类别的评分存在显著差异；潜在游客通过了解已游览过的游客对特定目的地的形象，可以获得有用的旅游信息。Azlizam 等（2009）分别对本地和外国游客的马来西亚高原目的地的形象进行了辨别和比较，采用分层随机抽样，针对游览过马来西亚高原的 897 名本地和外国游客进行问卷调查，调查因素中包括 41 个目的地属性，使用独立样本 T 检验法对本地和外国游客的目的地形象进行了分析和比较，并确定了高原目的地的 6 个形象因素，即无障碍服务、当地景点和设施、一般情绪和度假氛围、休闲娱乐活动、自然环境、自然和家庭导向，研究发现：当地居民和外国游客对无障碍服务、当地景点和设施、休闲娱乐活动、自然环境因素的感知存在显著差异，且当地游客的感知评分比外国游客更高。Allan 等（2017）研究了游客群体对海滩海洋废弃物的感知和反应的差异与沿海地区旅游收入损失的关系，结果表明：滞留垃圾可能会使当地旅游收入下降 39.1%，每年的损失预计高达 850 万美元。

游客感知差异问题是近年来国内学者研究的热点，颜丙金等（2016）研究了游客体验自然灾害型景观时的不同感知结果。韩双斌（2018）采用因子分析等方法就游客对苏州非物质文化遗产的感知差异进行了研究。随丽娜、程圩（2014）分析了游客对三类不同开放程度景区的感知差异。高军等（2010）就外国游客对中国旅游城市的感知差异进行了实证研究。詹新惠等（2016）将“故地重游”与“初来乍到”的游客进行对比来研究旅游目的地供给的游客感知差异。陈玉英（2006）在旅游目的地游客感知与满意度实证分析中提出开封市各旅游服务项目的游客满意等级序列，进而提出开封市发展旅游的具体途径与措施。陈鹏（2015）以大陆游客赴台湾旅游为背景，分析研究了受到影响的台湾居民的感知差异。徐国良等（2012）对福州市历史街区进行了游客意象空间感知差异研究。戴其文等（2014）对桂林市非物质文化遗产的游客感知差异与旅游需求进行了分析。罗艳菊等（2009）分析了基于环境态度的游客游憩冲击感知差异。殷姿、王颖哲（2016）研究了基于旅游体验过程的游客感知评价差异。冒小栋等（2018）对江西省重点旅游景区的游客感知差异进行了对比研究。

五、游客偏好研究

通常人们认为，旅游偏好指游客在旅游六要素（食、住、行、游、购、娱）方面的心理倾向。国外学者在旅游偏好研究中，研究内容侧重于偏好的影响因素、旅游人偏好、旅游地偏好及特殊群体偏好等方面（郁从喜，陆林，2008），研究起步早且较注重运用定量的技术与方法进行实证分析。Ankomahp（1996）等提出，游客感知会对旅游偏好程度产生显著影响。Paola 等（2015）调查了人们对可持续和不可持续旅游活动的偏好与社会心理的相关性，结果表明他们的旅游偏好与对环境的总体态度和价值观呈正相关关系。Sagun（2017）为游客设计了虚拟旅游产品套餐，采用联合分析方法分析得出印度游客的偏好和支付意愿取决于他们的社会经济背景。Meron 等（2018）探讨了游客对当地利益相关者设计活动的偏好，以及他们对改善公园基础设施的偏好，研究表明：游客的偏好与东道主社区为参与旅游业而设计的活动之间存在不匹配的情况，游客可能不知道这种活动对当地社区的重要性，因此在规划旅游活动之前，必须提高东道主社区对游客偏好的认识，了解东道主社区和游客之间的感知差异，才能保证当地旅游的可持续发展。近几年国外学者还研究了旅游过程中大学生对美食的偏好情况、人们对气候的偏好情况及对文化遗产的偏好情况（Ozer 等，2019；Georgopoulou 等，2019；Nagathisen，2020）。Katalin 等（2020）将旅游者偏好应用到了旅游产品的开发之中，采用定性（焦点小组讨论法、结构化访谈法）和定量问卷调查的研究方法，从自行车旅游的角度探讨顾客对旅游发展的需求和对旅游目的地的产品偏好情况，结论为巴拉顿湖自行车旅游的可持续发展提供了明确的方向，揭示了从顾客角度参与产品设计和开发是一种双赢的局面。

国内学者针对旅游偏好的研究成果不多，一般是在研究旅游者行为或客源市场时涉及旅游者的旅游偏好，一般以心理学角度分析为主。国内学者对旅游偏好的研究主要聚焦在不同地域、不同国家的旅游者对旅游目的地的偏好（何洋，2019；马耀峰等，2006；梁江川，2006；丁健，李林芳，2003）。在对旅游偏好的定量分析上，葛学峰、武春友（2010）运用离散选择模型对大连乡村旅游消费者不同的偏好选择行为和购买意愿进行研究。李渊等（2018）采用陈述性偏好法研究鼓浪屿旅游者对旅游景点的需求偏好，并为规划应对提供决策建议。在对旅游偏好的影响因素方面，王莹、徐东亚（2009）以在杭州休闲旅游者问卷调查为基础，探究新假日制度下人们的旅游选择、旅游偏好等的变化态势及不同人口学和社会学特征变化的显著程度。白凯等（2011）以 80 后消费群体为研究对象，使用“Saucier 大五人格特质量表”和“自主开发的潜在旅游消费偏好测度量表”分析了 80 后消费群体人格特质和旅游消费偏好之间的关系。朱艳秋等（2016）以新兴的乡村旅游地——马嵬驿作为研究对象，采用问卷调查法，运用频数分析和交叉列联表分析定量测量了游客对各项旅游因素的偏好程度，结果显示游客的旅游体验明显高于预期，对品尝特色小吃、感受特色民俗、儿童体验农村生活及土特产和手工艺制作具有较高的旅游偏好，且不同年龄段的游客对旅游活动、停留时间、出游方式、人均花费的偏好存在很大的差异。张铭晋（2012）以长沙市为例，以游客出境游目的地选择偏好作为出发点，将现实旅游者和潜在的旅游者作为研究对象，采用理论研究和实证研究相结合的方法，对游客出境游目的地选择偏好的影响因素进行了试探性的研究，得出影响游客出境游目的地选择偏好的影响因素主要包括：旅游环境、旅游地吸引力、旅游成本、个人因素、感知因素、文化距离、旅游服务支持系统等7项，而旅游环境和旅游地吸引力是影响游客出境游目的地选择偏好的最主要因素。此外也有一些学者重点研究老年人的旅游偏好，如车丽丽（2016）运用问卷调查法和访谈法，以A旅游公司的组团游客中50～60岁（即将步入老年）及60岁以上两个年龄段老年游客作为调查对象，重点调查、了解老年旅游消费者在旅游产品、旅游服务等方面的需求与消费偏好，分析老年旅游者偏好的属性特征及其影响因素，并在此基础上提出老年旅游产品提升开发的相关对策。关于红色旅游偏好的研究也日渐成熟，王舒婷和孙宝鼎（2013）运用交叉列表分析、因子分析、聚类分析及均值比较等定量方法对问卷数据进行统计分析，根据评价结果，将旅游者分成3个类型，分别研究不同类型游客对吉林省红色旅游的认知及偏好情况。

六、研究述评

综上可知，在国家公园的研究方面，由于我国大陆地区一直没有建立起国家公园体制，所以目前的研究中介绍国外国家公园的经验、比较国外国家公园与我国目前现行保护地形式之间的差别、探讨我国国家公园的发展理念和发展模式等是常见的内容，以试点国家公园为案例地的实证研究也逐渐增加。国外学者对国家公园游憩的研究主要集中在国家公园游憩的发展对周边社区、国家公园规划的影响、国家公园游憩的可持续性、国家公园游憩对环境造成的不利影响、游客对国家公园游憩的满意度情况、国家公园游憩吸引力、我国国家公园试点区游憩发展案例研究等。另外，介绍国外国家公园发展历史、模式、管理体制等方面的文章也较多。关于生态体验方面的研究成果较为丰富，主要研究内容为生态体验的概念和内涵、基于生态体验旅游的景区建设，主要研究对象为乡村地区与湿地景区，涉及国家公园的较少，对生态体验项目的研究目前还处于起步阶段且成果较少。

在感知差异和游客偏好方面，通过游客感知来研究各旅游目的地之间的共性及游客感知差异的文章不多，目前国内大部分研究主要针对当地居民感知与态度，游客感知方面的研究较少，也缺乏对生态体验项目感知差异的实证研究。国内外有关旅游偏好的研究角度具有一定的趋同性，大多从游客角度研究其旅游目的地偏好、旅游产品偏好及偏好的影响因素，较之国外不同的是，国内学者会将研究视角扩展到不同人群的旅游偏好，重点是不同国家的旅游者、大学生、老年人等群体，而国外则比较注重游客对旅游产品的偏好情况，研究成果多用于旅游产品的设计和优化。总体来说，国内外对旅游偏好的研究已有基础但并不深入，尚未形成成熟的概念和体系，大部分研究还处在摸索的阶段。

基于此，在对国内外国家公园游憩有较为全面的了解后，将游客感知差异放在新兴的国家公园领域以判断目前普达措国家公园是否做到了国家公园游憩特殊性的展现，以期为普达措国家公园生态体验项目的开发提供相应思路与方向；再以国内外国家公园生态体验项目发展经验为基础结合普达措国家公园资源禀赋、公园管理方的创新意愿设计普达措国家公园生态体验项目；最后以国家公园访客为研究对象，以未被学者涉及的旅游者偏好角度深入剖析普达措国家公园访客对未来普达措国家公园生态体验项目的偏好情况，并针对研究结果提出相应的建议，旨在一定程度上推动普达措国家公园生态体验项目的开发及发展。

第三章　国内外国家公园生态体验项目现状

一、国外国家公园生态体验项目现状

（一）亚洲国家公园生态体验项目现状

1. 日本国家公园生态体验项目现状

日本建立了较为完善的自然保护地体系，内阁环境省将自然保护地划分为7种类型，分别为自然公园、野生动物保护区、自然栖息地保护区、森林保护区、天然纪念物保护区、自然环境保全地域和自然保护区。

日本是亚洲最早建立国家公园的国家，1931年日本政府颁布了《国家公园法》，根据此法于1934年建立了濑户内海、云仙、雾岛3个国家公园。1957年《国家公园法》经修订完善发展为《自然公园法》，并确立了自然公园体系。根据自然景观地的典型性与原始程度等，自然公园体系又划分为国家公园、国定公园和都道府县立公园3类。其中，国家公园具有日本自然、人文景观的显著性与典型性，同时具有自然公园的特性。《自然公园法》也规定了国家公园的目的和宗旨，即“保护和加强对自然景观的利用”“为人们的健康、娱乐、教育及确保生物多样性做出贡献”。国家公园是日本设立时间最早、保护程度最高的自然公园（丁红卫，李莲莲，2020）。截至2020年12月，日本共设立了34个国家公园、57个国定公园、311个都道府县立公园，分别占日本国土面积的5.8%、3.8%和5.2%①。

根据《自然公园法》，隶属于内阁环境省的国家公园科负责日本国家公园的指定和管理。内阁环境省依据所处位置将34个国家公园划分为北海道地区、东北地区、关东地区、中部地区、近畿地区、中国四国地区、九州地区7个大区，并在每个大区设置环境事务所及自然保护官，负责大区内国家公园

---

① 资料来源：http：//www.env.go.jp/park/doc/data.html。

的管理。国家公园最基本、最重要的作用是保护森林、湿地、海滨、珊瑚礁等自然景观及野生动植物和生物多样性。为保护并合理利用资源，日本国家公园采取分区保护制度。公园的保护管理计划设置了陆地和海洋保护区，陆地保护区划分为特别保护区和普通区域，海洋保护区划分为海洋公园和普通区域。特别保护区拥有园内最独特的景观，必须要保持其生态系统的原真性和完整性，因此实行最严格的保护规制；海洋公园拥有热带鱼、珊瑚、海藻、海鸟等动植物，以及浅滩、礁石等地貌景观，形成了完整的海洋生态系统，其保护管理规范由地方事务所制定；普通区域是除特别保护区、海洋公园之外的需要实施风景保护措施的区域，主要发挥对包括特别保护区、海洋公园和国家公园之外的所有地区的缓冲与隔离作用（真坂昭夫，2001）。

作者梳理了知床国家公园、十和田八幡平国家公园、三陆复兴国家公园、日光国家公园、小笠原国家公园、富士箱根伊豆国家公园、吉野熊野国家公园、西海国家公园、屋久岛国家公园、庆良间诸岛国家公园等10个国家公园的生态体验项目信息，如表3-1所示。

表3-1　日本部分国家公园生态体验项目

国家公园	生态体验项目
知床国家公园	徒步远足、登山、皮划艇运动、漂流、浮冰漫步、观鸟、野生动植物观赏、观星、游船观光、参加主题节会
十和田八幡平国家公园	徒步远足、登山、滑雪、野外露营、温泉疗养、高尔夫球运动、野生动植物观赏、自然观察、游船观光、机动车观光、参观博物馆
三陆复兴国家公园	徒步远足、登山、海水浴、野外露营、垂钓、观鸟、野生植物观赏、工业景观观赏、游船观光、防灾教育活动、参观遗产遗迹、参观博物馆
日光国家公园	徒步远足、登山、滑雪、漂流、野外露营、温泉疗养、高尔夫球运动、自然观察、观鸟、野生植物观赏、参观遗产遗迹、参观博物馆
小笠原国家公园	徒步远足、登山、浮潜、潜水、游泳、观星、野生动植物观赏、游船观光、参观博物馆
富士箱根伊豆国家公园	徒步远足、骑行、浮潜、潜水、皮划艇运动、冲浪、垂钓、海水浴、野外露营、野生动植物观赏、自然观察、参观遗产遗迹、参观博物馆、参加主题节会
吉野熊野国家公园	徒步远足、登山、骑行、浮潜、潜水、野外露营、观星、野生动植物观赏、皮划艇运动、温泉疗养、自然观察、游船观光、参观遗产遗迹、参加主题节会

（续）

国家公园	生态体验项目
西海国家公园	徒步远足、潜水、游泳、皮划艇运动、野外露营、野生动植物观赏、游船观光、机动车观光、自然观察、参观遗产遗迹、参观博物馆
屋久岛国家公园	徒步远足、登山、骑行、皮划艇运动、野生动植物观赏、火山景观观赏、自然观察、温泉疗养、机动车观光、观看艺术表演、参观博物馆
庆良间诸岛国家公园	浮潜、潜水、海水浴、皮划艇运动、冲浪、骑行、野外露营、自然观察、野生动物观赏、参观遗产遗迹、参观古村落、参加主题节会

2. 韩国国家公园生态体验项目现状

韩国自然保护地体系完善，自然保护地主要包括 17 种类型，分别为自然公园、野生生物保护区、特定岛屿、生态景观保护区、湿地保护区、滨水区、水源保护区、特别措施地区、海洋保护区、渔业资源保护区、天然纪念物、天然保护区、风景区、白头大干保护区、森林资源保护区、防灾保护区、环境保护区，其中自然公园又划分为国家公园、都立公园、郡立公园 3 类。这些自然保护地共计 3 439 处，总面积达 39 884.79 公里^2，包括陆地保护地面积 27 457.3 公里^2、海洋保护区面积 12 427.4 公里^{2}①。

在韩国，国家公园设立的背景是为了在严格的自然保护与国民游憩利用之间寻找平衡，目标是对作为“代表韩国的自然生态系统、自然和文化景观的地区”的保护、保存及实现可持续发展（虞虎等，2018）。1967 年，韩国设立了首个国家公园——智异山国家公园，经过多年的发展，截至 2020 年 12 月，韩国共设立了 22 个国家公园，总面积达 6 726.246 公里^2，占韩国陆地国土面积的 6.7%，占韩国全部保护地面积的 27.33%②。根据公园属性，韩国国家公园可划分为山岳型、海上海岸型和历史遗迹型 3 种类型，其中山岳型国家公园 17 个、海上海岸型国家公园 4 个、历史遗迹型国家公园 1 个。

韩国国家公园实行中央政府管理为主的管理体系，隶属于环境部的国家公园管理公团是韩国唯一的专业管理国家公园的机构，目前除汉拿山国家公园归属地方自治政府——济州特别自治道管理外，其余 21 个国家公园

① 资料来源：http：//kdpa.kr/#。

② 资料来源：https：//chinese.knps.or.kr/Knp/AboutKnp.aspx?MenuNum=1&Submenu=01。

均由韩国国家公园管理公团进行管理。管理公团的职责主要有：保护公园资源、物种多样性和自然生态系统，提高自然景观和重要文化资产的价值；保护公园环境，对擅自使用和破坏公园的人执行国家公园相关法律法规和管理条例；发展各种各样的旅游项目和高质量的服务；树立公众健康的公园管理意识并改善韩国国家公园的国际认可（朱永杰，2020）。为实现公园的可持续发展，韩国国家公园管理公团于2007年开始实行“国家公园特别保护区”制度。所谓“国家公园特别保护区”指为了保护国家公园内具有高保护价值的野生动植物栖息地、野生植物群落、湿地、溪谷等重要自然资源分布地区，防止人为及自然性毁损，并对这些地区的出入等行为进行管制的制度。

作者梳理了智异山国家公园、雪岳山国家公园、汉拿山国家公园、北汉山国家公园、德裕山国家公园5个山岳型国家公园，闲丽海上国家公园、泰安海岸国家公园、多岛海海上国家公园、边山半岛国家公园4个海上海岸型国家公园，以及庆州国家公园1个历史遗迹型国家公园的生态体验项目信息，如表3-2所示。

表3-2　韩国部分国家公园生态体验项目

国家公园	生态体验项目
智异山国家公园	徒步远足、登山、野外露营、摄影、野生植物观赏、瀑布景观观赏、参观遗产遗迹、参加主题节会
雪岳山国家公园	徒步远足、登山、滑雪、野外露营、野生植物观赏、参观遗产遗迹、参加主题节会
汉拿山国家公园	登山、森林浴、野生动植物观赏、参观展览、参观博物馆
北汉山国家公园	徒步远足、登山、观星、参观遗产遗迹、参加主题节会
德裕山国家公园	登山、滑雪、野生植物观赏、溪谷景观观赏、瀑布景观观赏、参观遗产遗迹
闲丽海上国家公园	徒步远足、游船观光、机动车观光、虚拟公园体验、野生动植物观赏、参观遗产遗迹、参加主题节会
泰安海岸国家公园	徒步远足、摄影、野生动植物观赏、参观主题草场、野外露营、参观遗产遗迹
多岛海海上国家公园	游泳、垂钓、野外露营、虚拟公园体验、野生动植物观赏、参加主题节会
边山半岛国家公园	登山、海水浴、野生动植物观赏、瀑布景观观赏、参观遗产遗迹

（续）

国家公园	生态体验项目
庆州国家公园	登山、野生动植物观赏、参观博物馆、参观遗产遗迹、观看艺术表演

3. 泰国国家公园生态体验项目现状

泰国是亚洲较早建立完备的自然保护地管理体系的国家之一，其自然保护地类型主要为国家公园、野生动物保护区、禁猎区、森林公园、一级流域（流域主要的集水区）、红树林保护区、植物园和树木园等8类。

1961年泰国颁布的《国家公园法》明确规定了国家公园的含义，“国家公园是由国家划定的一块完整的自然生态系统的生物多样性资源地，代表国家的生态系统，包括审美价值”。“保护野生动植物”“提供旅游休闲场所”和“作为自然资源保护教育基地”是泰国国家公园的三项宗旨。泰国国家公园的发展经历了四个阶段：第一个阶段主要是对全国自然资源进行调研，设立了36个主要开展林业和农业保育的国家公园；第二个阶段是开发阶段，在政府各部门的协作下，逐步开放小规模旅游，推动环境保护和宣传自然资源保护知识；随着泰国旅游业的兴起，第三个阶段国家公园开始开发国际旅游；2016年，泰国提出“泰国4.0”经济战略，国家公园的发展进入第四个阶段，更加强调智能化管理和绿色发展（孙广勇，俞懿春，2018）。

在资源类型上，国家公园覆盖了泰国多样的生态系统，如高山、湖泊、运河、河溪、湖岛、海岸等。在管理体制上，隶属于泰国国家公园、野生动物和植物部的国家公园管理局对国家公园进行垂直管理。为有效管理国家公园，泰国国家公园管理局将国家公园的类型划分为陆地型和海洋型，并在园内实行严格的分区保护。其中，陆地国家公园被划分为开发利用区、各类服务区、休闲娱乐区、禁区、自然恢复区和特别活动区，并通过设置标示标记来引导游客的活动区域；海洋国家公园被划分为已开发利用区、服务区、休息和娱乐区、禁区、自然恢复区、珊瑚保护区、系泊区、锚泊区、游泳区等（赵倩，2019）。

泰国政府计划筹备155个国家公园，截至2020年12月，泰国共设立了133个国家公园[①]，其中陆地国家公园107个、海洋国家公园26个。作者梳理

① 资料来源：http：//catalog. dnp. go. th/dataset/areaofnp。

了考艾国家公园、考索国家公园、因他农山国家公园、奎布里国家公园、伊拉旺国家公园、岗卡章国家公园等 6 个陆地国家公园，以及三百峰国家公园、素林群岛国家公园、攀牙湾国家公园、昂通海洋国家公园等 4 个海洋国家公园的生态体验项目信息，如表 3-3 所示。

表 3-3　泰国部分国家公园生态体验项目

国家公园	生态体验项目
考艾国家公园	徒步远足、骑行、野外露营、漂流、摄影、野生动物观赏（大象之旅）、瀑布景观观赏、蝙蝠洞探秘
考索国家公园	徒步远足、游泳、皮划艇运动、漂流、洞穴观光、野外露营、野生动植物观赏、瀑布景观观赏、游船观光
因他农山国家公园	徒步远足、登山、骑行、观鸟、野生植物观赏、野外露营、瀑布景观观赏、参观遗产遗迹
奎布里国家公园	徒步远足、野外露营、观鸟、野生动物观赏、机动车观光
伊拉旺国家公园	徒步远足、游泳、野外露营、瀑布景观观赏、洞穴观光、参观博物馆
岗卡章国家公园	徒步远足、登山、皮划艇运动、漂流、骑行、野外露营、观鸟、洞穴观光、游船观光
三百峰国家公园	徒步远足、观鸟、日光浴、洞穴观光、野外露营、野生植物观赏、游船观光、参观博物馆
素林群岛国家公园	徒步远足、浮潜、潜水、游泳、野外露营、游船观光、野生动物观赏
攀牙湾国家公园	徒步远足、骑行、浮潜、漂流、游泳、皮划艇运动、洞穴观光、野生动物观赏、游船观光
昂通海洋国家公园	浮潜、游泳、皮划艇运动、野外露营、游船观光、洞穴观光、湖泊景观观赏

4. 越南国家公园生态体验项目现状

越南是世界上生物多样性最为丰富的国家之一。目前，越南的自然保护地体系主要包括国家公园、生物圈保护区、物种栖息地保护区、自然景观保护区和实地研究保护区等 5 种类型。其中，国家公园主要负责保护动物和植物；生物圈保护区负责保护生物多样性、自然资源和文化资源；物种栖息地保护区负责保护动物栖息地和物种；自然景观保护区负责保留历史遗传；实地研究保护区提供生态旅游和研究活动（张婉洁等，2019）。

自 1962 年设立第一个国家公园——菊芳国家公园以来，截至 2020 年 12

月，越南共设立了34个国家公园[①]。“保护生物多样性”“实现生态系统的可持续发展”“提高居民关于生物多样性和自然资源价值的知识”“加强居民参与环保的积极性”是越南设立国家公园的主要目的。根据国家公园所覆盖的生态系统的不同，越南国家公园可分为陆地型、湿地型和海洋型。

在国家公园管理上，越南国家公园采取综合管理模式，这种管理模式既吸收了中央集权型管理模式中由中央政府设立国家公园并形成垂直管理的优点，同时也利用了地方自治型管理模式中由地方政府设立国家公园的相关优势（邹晨斌，李明华，2017）。根据国家公园所跨行政区划，越南国家公园可分为跨省国家公园和非跨省国家公园两类，其中跨省国家公园由越南农业和农村发展部管理、非跨省国家公园由公园所在省人民委员会管理。两者为不同类型国家公园的最高管理机构，同时各国家公园内部设置国家公园管理理事会，负责国家公园内部具体事务的管理。

作者梳理了菊芳国家公园、黄连国家公园、吉婆国家公园、吉仙国家公园、巴赫马国家公园、巴贝国家公园、丰芽格邦国家公园、猫田国家公园、富国国家公园、主山国家公园等10个国家公园的生态体验项目信息，如表3-4所示。

表3-4　越南部分国家公园生态体验项目

国家公园	生态体验项目
菊芳国家公园	徒步远足、野外露营、漂流、皮划艇运动、观鸟、夜间浏览原始森林、洞穴观光、观看艺术表演、参观古村落、参观保育中心、参观博物馆、参观遗产遗迹
黄连国家公园	登山、洞穴观光、野生动植物观赏、瀑降、观看艺术表演、参观遗产遗迹、参观古村落、参加主题节会
吉婆国家公园	徒步远足、野外露营、垂钓、游泳、潜水、洞穴观光、摄影、野生动植物观赏、体验地方居民生活、游船观光、参观遗产遗迹
吉仙国家公园	徒步远足、骑行、游泳、皮划艇运动、野外露营、观鸟、野生动物观赏、游船观光、参观古村落、参观遗产遗迹、体验地方居民生活、观看艺术表演
巴赫马国家公园	徒步远足、登山、攀岩、游泳、观鸟、野外露营、瀑布景观观赏、湖泊景观观赏、野生植物观赏、参观遗产遗迹

① 资料来源：https：//vi. wikipedia. org/wiki/ Danh _ sách _ các _ vuòn _ quôc _ gia _ tại _ Viêt _ Nam。

（续）

国家公园	生态体验项目
巴贝国家公园	徒步远足、骑行、游泳、垂钓、皮划艇运动、游船观光、洞穴观光、参加主题节会、观看艺术表演、体验地方居民生活
丰芽格邦国家公园	徒步远足、登山、骑行、游泳、皮划艇运动、洞穴观光、洞穴泥浴、野外露营、野生动物观赏、游船观光、参观遗产遗迹
猫田国家公园	徒步远足、登山、骑行、观鸟、野生动物观赏、野外露营、洞穴观光、游船观光、志愿者旅游、参观遗产遗迹
富国国家公园	徒步远足、登山、垂钓、野外露营、机动车观光、野生动植物观赏、溪流景观观赏
主山国家公园	徒步远足、登山、潜水、海水浴、游船观光、野外露营、野生动植物观赏、洞穴观光、观看艺术表演

5. 印度国家公园生态体验项目现状

印度自然保护地体系的建立是由自上而下的力量所推动，即以立法为保障，联邦政府通过搭建法定的网络框架、政策制定、规划编制及项目资金投入来推动地方进行自然保护地的划定和管理（廖凌云等，2016）。根据保护对象的重要程度，印度的自然保护地可划分为国家公园、野生生物保护区、保护预留地、社区保护地、森林保留地、社区森林、森林保护区等7种类型。其中，国家公园和野生生物保护区相对于森林保留地、社区森林、森林保护区等，具有生态、动植物、地理等重要性，且资源利用的限制更高。

“保护、推广、推动野生动植物和其生境的可持续发展”是印度设立国家公园的主要目的。自1936年设立第一个国家公园——吉姆·科贝特国家公园以来，截至2020年12月，印度共设立了104个国家公园[①]，总面积为43 716公里^2，占陆地国土面积的1.47%。目前，印度的自然保护地形成了“核心区-缓冲区-廊道”的格局，即国家公园是自然保护地的核心区，禁止居住、放牧、盗猎等人类活动，受到最严格的保护；野生生物保护区、保护预留地、社区保护地或森林保护地等为缓冲区，资源利用受一定的限制；核心区之间由生态单元和廊道连接（Ruchi，1998）。

① 资料来源：https：//wii. gov. in/nwdc _ national _ parks。

由于印度是联邦共和制国家，全国共划分为29个邦、6个联邦属地及首都新德里，因此，在国家公园管理方面，印度的国家公园实行中央政府和联邦政府合作管理模式。中央的环境森林气候变化部通过赞助计划为联邦政府或联邦属地政府提供资金支持，并负责国家公园管理政策的制定与规划编制；联邦政府或联邦属地的环境森林部的下属机构负责规划的实施与管理；全国野生动植物委员会和邦立野生动植物委员会则负责为国家公园的发展提供政策建议。

作者梳理了吉姆·科贝特国家公园、卡齐兰加国家公园、荷米斯国家公园、大喜马拉雅山脉国家公园、孙德尔本斯国家公园、干城章嘉峰国家公园、南达德维国家公园、凯布尔拉姆加国家公园、库奇湾海洋国家公园、圣雄甘地海洋国家公园等10个国家公园的生态体验项目信息，如表3-5所示。

表3-5　印度部分国家公园生态体验项目

国家公园	生态体验项目
吉姆·科贝特国家公园	徒步远足、垂钓、机动车观光、观鸟、野生动植物观赏、骑象观光、参观博物馆
卡齐兰加国家公园	徒步远足、观鸟、野生动物观赏、机动车观光、骑象观光、游船观光、摄影、参观种植园、参观古村落、观看艺术表演
荷米斯国家公园	徒步远足、观鸟、野生动植物观赏、摄影、野外露营、参观遗产遗迹、参观博物馆、参加主题节会
大喜马拉雅山脉国家公园	徒步远足、登山、漂流、垂钓、野外露营、观鸟、野生动植物观赏、宗教朝圣、参观古村落、参观遗产遗迹、参观博物馆、参加主题节会、观看艺术表演、体验地方居民生活
孙德尔本斯国家公园	徒步远足、骑行、垂钓、观鸟、野生动植物观赏、野外露营、游船观光、参观遗产遗迹、参观古村落、参观博物馆、观看艺术表演、体验地方居民生活
干城章嘉峰国家公园	徒步远足、登山、观鸟、野生动植物观赏、观星、湖泊景观观赏、冰川景观观赏、参观古村落、参观寺院
南达德维国家公园	徒步远足、登山、观鸟、野生植物观赏、冰川景观观赏、参观古村落
凯布尔拉姆加国家公园	徒步远足、骑行、观鸟、野生动植物观赏、游船观光
库奇湾海洋国家公园	徒步远足、浮潜、观鸟、野生动物观赏、摄影
圣雄甘地海洋国家公园	徒步远足、浮潜、潜水、观鸟、野生动物观赏、游船观光、野外露营、参观海龟繁育中心、参观博物馆

（二）非洲国家公园生态体验项目现状

1. 南非国家公园生态体验项目现状

自19世纪出现现代意义上的保护地概念之后，南非是最早一批建立保护地的国家之一，也是非洲大陆最早建立保护地体系的国家。南非自然保护地体系主要包括10种类型，分别为特殊自然保护区、国家公园、自然保护区（包括荒野地）、保护的环境区、世界遗产地、海洋保护区、特别保护森林区、森林自然保护区、森林荒野地和高山盆地区。

国家公园是南非自然保护地体系的重要组成部分，其建立的目的是“保护生物多样性”“保护具有国家或国际重要性的地域、南非有代表性的自然系统、景观地域或文化遗产地，包含一种或多种生态完整的生态系统地域，为公众提供与环境和谐共生的科学研究、教育和游憩的机会”“并在可行的前提下为经济发展做出贡献”（唐芳林等，2017）。自1926年建立第一个国家公园——克鲁格国家公园以来，截至2020年12月，南非共设立了22个国家公园[①]，分布于南非9个省中的7个省，总面积超过4万公里^2，约占南非保护地面积的67%。

南非国家公园实行中央集权型的管理体制，隶属于国家环境事务部的国家公园管理局是国家公园的法定管理机构，其愿景是建立一个可持续的、与社会相连接的国家公园体系。为实现国家公园的可持续发展，国家公园管理局在公园的管理规划中，按照访客利用程度将国家公园划分为偏远核心区、偏远区、安静区、低强度休闲利用区和高强度休闲区，制定分区规划的主要目的是“建立一个国家公园内及周边连贯整体的空间框架，并以此来指导和协调生物多样性保护、旅游和游客体验活动及降低这些对立活动之间的冲突”。按照分区管理的要求，国家公园明确允许游客进入的区域，明确不同的区域允许建设什么类型的基础设施为访客提供生态和自然的体验（唐芳林等，2017）。

作者梳理了克鲁格国家公园、金门高地国家公园、桌山国家公园、纳马夸国家公园、阿多大象国家公园、莫卡拉国家公园、花园大道国家公园、阿古哈斯国家公园、奥赫拉比斯瀑布国家公园、西海岸国家公园等10个国家公

① 资料来源：https：//www.protectedplanet.net/country/ZAF。

园的生态体验项目信息，如表 3-6 所示。

表 3-6　南非部分国家公园生态体验项目

国家公园	生态体验项目
克鲁格国家公园	徒步远足、骑行、观鸟、野生动物观赏、野外露营、高尔夫球运动、参观遗产遗迹、参观博物馆
金门高地国家公园	徒步远足、骑马、皮划艇运动、观鸟、机动车观光、参观遗产遗迹、参观古村落
桌山国家公园	徒步远足、攀岩、滑翔伞运动、骑马、骑行、垂钓、潜水、冲浪、野生动植物观赏
纳马夸国家公园	徒步远足、骑行、观鸟、野生植物观赏、野外露营、摄影
阿多大象国家公园	徒步远足、骑马、野外露营、观鸟、野生动物观赏
莫卡拉国家公园	垂钓、野外露营、野生动物观赏、参观遗产遗迹、参观博物馆
花园大道国家公园	徒步远足、骑行、浮潜、潜水、皮划艇运动、观鸟、野生动物观赏、机动车观光
阿古哈斯国家公园	徒步远足、垂钓、游泳、观鸟、野生动植物观赏、参观灯塔、参观遗产遗迹、参观博物馆
奥赫拉比斯瀑布国家公园	徒步远足、骑行、皮划艇运动、观鸟、野生动物观赏、瀑布景观观赏
西海岸国家公园	徒步远足、骑行、冲浪、滑水、浮潜、潜水、游泳、垂钓、皮划艇运动、观鸟、野生动植物观赏、参观博物馆

2. 坦桑尼亚国家公园生态体验项目现状

坦桑尼亚建立了较为完善的自然保护地体系，其自然保护地主要包括 7 种类型，分别为国家公园、森林自然保护区、野生动物管理区、禁猎区、狩猎控制区、海洋公园和保护区、其他保护区。

“保护国内丰富的自然和文化资源”“为庞大的动植物群体提供繁衍生息的乐土”“远离人与自然的利益冲突”是坦桑尼亚建立国家公园的主要目的。自 1959 年设立第一个国家公园——塞伦盖蒂国家公园以来，截至 2020 年 12 月，坦桑尼亚共设立了 22 个国家公园①，总面积为 99 306.5 公里^2，约占陆地国土面积的 10.5%。

在国家公园管理方面，隶属于自然资源和旅游部的国家公园管理局是坦

① 资料来源：https：//www. tanzaniaparks. go. tz/。

桑尼亚国家公园的管理机构，其职责主要为：保护国家公园内的自然资源、基础设施及访客的安全；定期开展国家公园生态系统和野生动植物健康监测；开展社区支持和保护教育活动，为国家公园周边社区的减贫做出贡献；促进国家公园旅游业的开发与推广，因为旅游业是坦桑尼亚国家公园的主要收入来源。

作者梳理了鲁阿哈国家公园、塞伦盖蒂国家公园、鲁邦多国家公园、贡贝国家公园、基图洛国家公园、萨那尼岛国家公园、阿鲁沙国家公园、曼亚拉湖国家公园、乞力马扎罗山国家公园、乌宗瓦山国家公园等 10 个国家公园的生态体验项目信息，如表 3-7 所示。

表 3-7　坦桑尼亚部分国家公园生态体验项目

国家公园	生态体验项目
鲁阿哈国家公园	徒步远足、观鸟、野生动物观赏、热气球观光、野外露营、观星、摄影、参观博物馆、参观遗产遗迹
塞伦盖蒂国家公园	徒步远足、观鸟、野生动植物观赏、摄影、热气球观光、野外露营、参观遗产遗迹
鲁邦多国家公园	徒步远足、皮划艇运动、垂钓、野生动物观赏、游船观光、参观遗产遗迹
贡贝国家公园	徒步远足、潜水、浮潜、皮划艇运动、垂钓、野生动物观赏、游船观光、参观古村落
基图洛国家公园	徒步远足、骑行、观鸟、野生动物观赏、瀑布景观观赏、野外露营、摄影
萨那尼岛国家公园	徒步远足、垂钓、观鸟、野生动物观赏、游船观光、摄影
阿鲁沙国家公园	徒步远足、登山、骑马、骑行、皮划艇运动、观鸟、野生动物观赏、野外露营
曼亚拉湖国家公园	徒步远足、皮划艇运动、观鸟、野生动物观赏、树顶小径观光、摄影
乞力马扎罗山国家公园	徒步远足、登山、骑行、攀岩、滑翔伞运动、野外露营、野生动物观赏、瀑布景观观赏、参观遗产遗迹
乌宗瓦山国家公园	徒步远足、登山、骑行、游泳、观鸟、瀑布景观观赏、摄影、野外露营

3. 肯尼亚国家公园生态体验项目现状

位于非洲东部的肯尼亚拥有独特的自然风光和人文风情，其广袤的地域和自然资源为野生动物提供了丰富的栖息地，动植物的多样性被完好地保留。肯尼亚高度重视自然保护，19 世纪中后期便开始建立以野生动物保护为主的保护地，目前已建立了较为成熟的自然保护地体系，自然保护地类型主要为野生动物保护地、国家公园、国家保护区、国家禁猎区、森林保护地、公共森林、临时森林、湿地保护区、山地敏感区和海岸保护带等10种类型。

肯尼亚国家公园的建立始于人类与野生动物的冲突和对野生动物的保护。自1946年建立第一个国家公园——内罗毕国家公园以来，截至2020年12月，肯尼亚共建立了27个国家公园①。在肯尼亚，国家公园土地归国家所有，公园拥有完整的自然资源，国家公园唯一允许的人类活动是游览和研究；而限制活动则包括任何形式的狩猎，砍伐、破坏或焚烧任何植被，收集或试图收集任何蜂蜜和蜂蜡，故意破坏或消除任何地质、史前、考古、海洋或有科学价值的对象，引入任何动物或植被，土地的清理和耕作，故意扰乱动物，未经授权捕捉或试图捕捉任何鱼类②。

在国家公园管理方面，肯尼亚采取中央集权型管理模式，隶属于旅游和野生动物部的野生动物管理局是肯尼亚国家公园的管理机构，其主要任务是对野生动物进行保护、管理和研究，具体职责包括制定保护政策、管理动植物区系、建议政府建立国家公园和国家保护区及其他野生动植物禁猎区、保护区的筹备工作和实施管理计划、指挥和协调对野生动物保护和管理的研究活动，以及管理和协调国际野生动物协议、公约和条约（刘丹丹，2014）。

作者梳理了内罗毕国家公园、肯尼亚山国家公园、隆戈诺特山国家公园、马尔卡马里国家公园、地狱之门国家公园、阿布戴尔国家公园、纳库鲁湖国家公园、塞瓦沼泽国家公园、恩代雷岛国家公园、基斯特海洋国家公园等10个国家公园的生态体验项目信息，如表3-8所示。

表3-8 肯尼亚部分国家公园生态体验项目

国家公园	生态体验项目
内罗毕国家公园	徒步远足、观鸟、野生动物观赏、野外露营、参观遗产遗迹、参观动物孤儿院
肯尼亚山国家公园	徒步远足、登山、野外露营、观鸟、野生动物观赏、洞穴观光

① 资料来源：http：//kws. go. ke/about-us/about-usl。

② 资料来源：http：//www. parks. it/world/KE/Eindex. html。

（续）

国家公园	生态体验项目
隆戈诺特山国家公园	攀岩、骑行、观鸟、野生动物观赏、野外露营、湖泊景观观赏
马尔卡马里国家公园	徒步远足、野生动物观赏、热气球观光、野外露营、观星、文化体验、参观遗产遗迹
地狱之门国家公园	徒步远足、攀岩、骑行、野外露营、观鸟、野生动物观赏、温泉疗养、洞穴观光
阿布戴尔国家公园	徒步远足、登山、垂钓、野外露营、摄影、观鸟、野生动物观赏、瀑布景观观赏
纳库鲁湖国家公园	观鸟、野生动物观赏、瀑布景观观赏、野外露营、摄影
塞瓦沼泽国家公园	徒步远足、观鸟、野生动物观赏、野外露营、摄影
恩代雷岛国家公园	徒步远足、垂钓、观鸟、野生动物观赏、野外露营、游船观光
基斯特海洋国家公园	浮潜、潜水、游泳、观鸟、野生动物观赏、日光浴、游船观光、野外露营

（三）北美洲国家公园生态体验项目现状

1. 美国国家公园生态体验项目现状

美国是世界上自然保护地体系最为完善的国家之一。根据保护对象的不同，美国将保护地划分为八大系统，分别为国家公园系统、国家森林系统（含国家草原）、国家野生动物庇护系统、国家景观保护系统、国家海洋保护系统、国家荒野保护系统、国家原野与风景河流系统、生物圈保护地区（陈耀华，黄朝阳，2019），同时各分类系统下又设置了不同的细分类别，最终建立了包括607类保护地在内的自然保护地体系。这些保护地基本实现了对森林、湿地、河流、海洋、野生动植物、公园、原野、地标、步道等自然资源、自然景观和野生动植物等的保护全覆盖。

美国是世界上最早建立国家公园的国家，1872年建立了世界上第一个国家公园——黄石国家公园，这也是世界上建立最早的国家级自然保护区。截至2020年12月，美国共设立了63个国家公园①，总面积达212 093.336公里^2，约占保护地面积的7.38%。美国国家公园的发展大致经历了6个阶段，即萌芽阶段（1832—1916年）、成型阶段（1916—1933年）、发展阶段

① 资料来源：https：//www.nps.gov/aboutus/national-park-system.htm。

（1933—1940 年）、停滞及再发展阶段（1940—1963 年）、注重自然生态保护阶段（1963—1985 年）、拓展教育与合作阶段（1985 年至今）（徐基良等，2014）。早期，美国建立国家公园的目的是“减少对自然原野的破坏，保护优美景观”“为公众提供游憩场所”。1916 年颁布的《美国国家公园法案》则明确了建立国家公园的目标：“保育景观、自然和历史遗迹”“保护野生动植物”“为公众及子孙后代提供非消耗性的娱乐及资源利用”。

经过百余年的实践和发展，如今美国已建立了一个具备健全的管理体制和完善的法律法规的国家公园体系。美国国家公园实行中央集权型管理体制，隶属于联邦内政部的国家公园管理局直接对国家公园进行管理。国家公园管理局内设 20 多个分局，涵盖资源保护、规划与基础设施、资源保护、解说教育、公众参与等方面。分局设若干司或办公室，司或办公室设置业务处室。同时，管理局根据资源类型和工作实际，以州界划分管理范围，跨州设 7 个区域办公室，作为管理局派出机构对各区域的国家公园进行管理（宋天宇，2020）。此外，美国国家公园十分重视科学化管理，在国家公园系统内外聘有大量科学家长期对公园的设立、规划、保护、利用和管理进行研究。美国国家公园法律体系完善，分为纵向和横向法律体系。纵向法律体系包括基本法、授权法、单行法和部门规章 4 个层次；《国家公园基本法》是最基本、最具权威性和统领性的法律，主要规定国家公园管理局应履行依法保护的基本职责；授权法是针对性和适用性较强的法律文件，针对每个国家公园的实际情况而规定内容，每个国家公园单独立法，是管理、监督、执法的重要依据；单行法是针对不同类型自然或人文资源的保护而设立的法律；部门规章是国家公园管理局根据《国家公园基本法》的授权而制定的有利于国家公园有效管理的必要的和适当的部门操作流程和细则。横向法律体系指与《国家公园基本法》平行的国家层面法律（李丽娟，毕莹竹，2019）。美国国家公园这种多层级、纵横交织的法律体系之间相互协调、互不冲突，且具备较高的执法效力。

作者梳理了黄石国家公园、阿卡迪亚国家公园、拱门国家公园、拉森火山国家公园、温泉国家公园、克拉克湖国家公园、大沼泽国家公园、大峡谷国家公园、猛犸洞国家公园、罗亚岛国家公园、优胜美地国家公园、北瀑布国家公园、卡尔斯巴德洞穴国家公园等 13 个国家公园的生态体验项目信息，如表 3-9 所示。

表 3-9　美国部分国家公园生态体验项目

国家公园	生态体验项目
黄石国家公园	徒步远足、骑行、骑马、垂钓、皮划艇运动、漂流、滑雪、机动车观光、地热奇观观光、野外露营、摄影、野生动物观赏、少年护林员计划、虚拟公园体验
阿卡迪亚国家公园	徒步远足、骑行、皮划艇运动、垂钓、游泳、滑雪、机动车观光、观鸟、观星、野外露营、摄影、参观遗产遗迹、艺术家驻地计划、教师研讨会
拱门国家公园	徒步远足、攀岩、骑行、漂流、野外露营、观星、摄影、野生植物观赏、机动车观光、峡谷探险、艺术家驻地计划、户外教育活动、少年护林员计划
拉森火山国家公园	徒步远足、骑马、皮划艇运动、垂钓、游泳、滑雪、野外露营、观星、工业景观观赏、机动车观光、少年护林员计划、虚拟公园体验
温泉国家公园	徒步远足、骑行、垂钓、野外露营、观鸟、摄影、温泉疗养、户外教育活动、少年护林员计划、机动车观光、参观遗产遗迹
克拉克湖国家公园	徒步远足、垂钓、骑行、皮划艇运动、漂流、野外露营、观鸟、野生动物观赏、游船观光
大沼泽国家公园	徒步远足、骑行、垂钓、摄影、观鸟、野生动物观赏、皮划艇运动、野外露营、野外定向运动、少年护林员计划
大峡谷国家公园	徒步远足、漂流、骑行、骑马、垂钓、摄影、野外露营、机动车观光、参观博物馆、参观遗产遗迹、少年护林员计划、虚拟公园体验
猛犸洞国家公园	徒步远足、皮划艇运动、垂钓、骑行、骑马、观星、洞穴观光、野外露营、少年护林员计划
罗亚岛国家公园	徒步远足、潜水、皮划艇运动、垂钓、野外露营、少年护林员计划、游船观光
优胜美地国家公园	徒步远足、攀岩、游泳、皮划艇运动、漂流、垂钓、骑行、骑马、滑雪、滑冰、野外露营、观鸟、观星、摄影、机动车观光、少年护林员计划
北瀑布国家公园	徒步远足、登山、骑行、骑马、垂钓、皮划艇运动、观鸟、野生动物观赏、野外露营
卡尔斯巴德洞穴国家公园	徒步远足、领养蝙蝠计划、观星、蝙蝠洞探秘

2. 加拿大国家公园生态体验项目现状

加拿大是世界上最早开展自然保护地实践的国家之一。目前，加拿大的自然保护地体系主要包括两大类：一是符合世界自然保护联盟定义标准的保护地，统称为保护区，这些保护区又分为陆地保护区和海洋保护区，主要包括国家公园、省级公园、海岸公园、候鸟保护区、野生动物保护区、生态保护区、自然保护区、生物多样性保护区、荒野保护区、海洋保护区；二是不符合世界自然保护联盟定义但以保护生物多样性为目的的特殊管理地区，主要包括为保护土著文化而规划的土著保留区、为保护海洋多样性而长期关闭的渔场等海洋庇护所（汤文豪等，2020）。

国家公园是加拿大自然保护地体系中最具代表、最重要的类型。自1885年建立第一个国家公园——班夫国家公园以来，截至2020年12月，加拿大共建立了48个国家公园①，总面积为339 740公里^2。其中，陆地国家公园面积占加拿大陆地国土面积的3.4%，占陆地自然保护区面积的1/3以上；海洋国家公园面积占加拿大海洋面积的0.22%，占海洋保护区面积的1/4左右。

加拿大国家公园采取中央集权型管理模式。1911年，加拿大设立了世界上第一个国家公园管理局，现隶属于联邦政府环境与气候变化部，开辟了世界各国国家公园管理的先河。加拿大国家公园管理局垂直管理48个联邦国家公园，其组织结构由1名首席执行官和9名副总裁组成，副总裁分管运营、项目和内部支持服务3个领域。国家公园运营部分为东部运营部、西部运营部、北部运营部；项目包括保护区建立和保护、遗产保护与纪念、外部管理和游客等；内部支持包括行政、投资、财务和人力资源（蔚东英，2017）。加拿大也拥有完善的国家公园法律体系，其法律体系分为两个层次：一是顶层法律，主要包括《国家公园法》和《国家公园管理局法》，这两部法律分别规定了国家公园和国家公园管理机构的相关内容，是制定其他国家公园相关法律法规的依据；二是国家公园管理法规，在上述顶层法案之下，加拿大制定了国家公园相关的各种法律法规，如《国家公园通用法规》《国家公园建筑物法规》《国家公园公路交通法规》等，这些法规又辅以一系列配套的计划、政策、战略、手册指南等，使得国家公园的各项运作有法可依、有章可循。此外，加拿大各国家公园均设有公园警察队伍，负责保护国家公园范围内资源、旅游设施及游客的安全。

加拿大国家公园体系最大的特色是拥有一套完整公平的设立国家公园的流程，这一流程主要包括：选择具有代表性的自然区—确认可行的预定位置—可行性评估—协商—立法设立国家公园（徐基良等，2014）。选择具有代表性的自然区：1971年加拿大颁布的《国家公园系统规划》将加拿大划分成

① 资料来源：https：//www.protectedplanet.net/country/CAN。

39个自然区域，每个自然区域在植被、地形、气候及野生动物方面均有独特性，新建国家公园需选择目前没有设立国家公园的自然区域。确认可行的预定位置：在自然区域中找到具有特色或代表性的地区后，进一步进行各项研究和讨论，进而在区域内找出可行的建立国家公园的位置。可行性评估：编制设立国家公园计划书，计划书内应涵盖建立国家公园的各项细节的可行性评估，并且向地方团体、非政府组织和社会公众征求意见建议。协商：加拿大宪法规定国家公园的土地归联邦政府所有，如果预设国家公园范围内含省有土地，联邦政府需与省政府进行协商谈判，将土地所有权和管辖权收归联邦政府。立法设立国家公园：设立国家公园须由国会立法通过，之后再由联邦政府依据《国家公园法》及相关管理办法进行管理。

作者梳理了班夫国家公园、贾斯珀国家公园、优鹤国家公园、瓦普斯克国家公园、雷维尔斯托克国家公园、布雷顿角高地国家公园、环太平洋国家公园、沃特顿湖国家公园、千岛国家公园、格鲁吉亚湾群岛国家公园等10个国家公园的生态体验项目信息，如表3-10所示。

表3-10　加拿大部分国家公园生态体验项目

国家公园	生态体验项目
班夫国家公园	徒步远足、登山、漂流、潜水、皮划艇运动、垂钓、滑雪、骑行、野生动物观赏、野外定向运动、野外露营、参观博物馆、参加主题节会、高尔夫球运动
贾斯珀国家公园	徒步远足、滑雪、滑冰、攀冰、游泳、垂钓、皮划艇运动、骑行、骑马、登山、滑翔伞运动、野外露营、野生动物观赏、野外定向运动、参观博物馆
优鹤国家公园	徒步远足、野外露营、滑雪、攀冰、攀岩、垂钓、骑行、野生动物观赏、湖泊景观观赏、参观遗产遗迹
瓦普斯克国家公园	观鸟、野生动物观赏、观星、摄影、皮划艇运动
雷维尔斯托克国家公园	徒步远足、观鸟、野生动物观赏、骑行、垂钓、滑雪、野外露营、野外定向运动、艺术家驻地计划、户外教育活动
布雷顿角高地国家公园	徒步远足、登山、骑行、垂钓、游泳、滑雪、野外露营、皮划艇运动、高尔夫球运动、观星、观鸟、野生动物观赏、摄影、野外定向运动
环太平洋国家公园	徒步远足、冲浪、游泳、垂钓、皮划艇运动、骑行、观鸟、野外露营、体验原住民文化、野外定向运动
沃特顿湖国家公园	徒步远足、攀冰、滑雪、骑行、骑马、冲浪、垂钓、高尔夫球运动、野外露营、观星、观鸟、野生动物观赏、摄影、游船观光、参观博物馆

（续）

国家公园	生态体验项目
千岛国家公园	徒步远足、野外露营、观鸟、野生动物观赏、冲浪、潜水、游泳、皮划艇运动、骑行、滑雪、摄影
格鲁吉亚湾群岛国家公园	徒步远足、游泳、皮划艇运动、垂钓、骑行、野外定向运动、摄影、野外露营、户外教育活动、参观遗产遗迹

（四）南美洲国家公园生态体验项目现状

1. 巴西国家公园生态体验项目现状

根据保护目标的不同，巴西将自然保护地划分为两大类型：进行严格保护的“完全保护类保护地”、保护与利用并举的“可持续利用类保护地”（塞尔吉奥·布兰，2018）。在这两类保护地类型的基础上，按照保护对象和保护目标的不同，又分别设置了 5 种、7 种细分类别，形成共计 12 类保护地的自然保护地体系。其中，完全保护类保护地包括国家公园、生物保护区、生态站、国家纪念地和野生动植物庇护所；可持续利用保护地包括环境保护区、重要生态意义区、国家森林公园、采掘利用保护区、禁猎区、合理开发保护区和自然遗产个人保护区。

国家公园是巴西最古老的保护区类型，其目的是“保护具有重要生态价值和风景优美的自然生态系统”“同时支持科学研究、环境教育、娱乐及生态旅游”。自 1937 年建立第一个国家公园——伊塔蒂亚亚国家公园以来，截至 2020 年 12 月，巴西共设立了 74 个国家公园①。

巴西国家公园管理模式为中央集权型，实行自上而下垂直管理，并辅以其他部门的合作和民间机构的协助。隶属于环境部的奇科门德斯生物多样性保护研究所是巴西国家公园的管理机构，该研究所负责执行国家保护区制度的行动，可提出、管理、保护和监督各类保护区；它还有责任推动和执行生物多样性研究、保护方案，并行使环境警察权力，以保护联邦保护单位（唐芳林等，2018b）。

① 资料来源：https：//es.wikipedia.org/wiki/%C3%81reas_naturales_protegidas_de_Brasil。

作者梳理了伊塔蒂亚亚国家公园、巴西利亚国家公园、拉克依斯马拉赫塞斯国家公园、韦阿代鲁斯高原国家公园、迪亚曼蒂那国家公园、卡皮瓦拉山国家公园、潘塔纳尔马托格罗索国家公园、杰里科亚科拉国家公园、阿布罗略斯国家公园、费尔南多·迪诺罗尼亚海洋国家公园等10个国家公园的生态体验项目信息，如表3-11所示。

表3-11　巴西部分国家公园生态体验项目

国家公园	生态体验项目
伊塔蒂亚亚国家公园	徒步远足、登山、攀岩、骑行、游泳、观鸟、野生动物观赏、瀑布景观观赏、野外露营、参观博物馆
巴西利亚国家公园	徒步远足、游泳、观鸟、野生动植物观赏、参观自然教育中心
拉克依斯马拉赫塞斯国家公园	徒步远足、骑行、骑马、游泳、冲浪、沙丘景观观赏、湖泊景观观赏、野生动物观赏
韦阿代鲁斯高原国家公园	徒步远足、游泳、瀑布景观观赏、野外露营、观鸟、野生动植物观赏
迪亚曼蒂那国家公园	徒步远足、骑行、攀岩、游泳、潜水、皮划艇运动、洞穴观光、观鸟、瀑布景观观赏、参观遗产遗迹
卡皮瓦拉山国家公园	徒步远足、登山、骑行、野生动植物观赏、参观岩画遗址、参观博物馆、参观遗产遗迹
潘塔纳尔马托格罗索国家公园	徒步远足、骑马、观鸟、野生动物观赏、游船观光、摄影
杰里科亚科拉国家公园	徒步远足、骑行、骑马、冲浪、皮划艇运动、海水浴
阿布罗略斯国家公园	徒步远足、浮潜、潜水、观鸟、野生动物观赏、参观博物馆
费尔南多·迪诺罗尼亚海洋国家公园	徒步远足、潜水、游船观光、野生动物观赏、参观遗产遗迹、参观博物馆

2. 阿根廷国家公园生态体验项目现状

19世纪末，飞速发展的经济使阿根廷面临环境污染严重、生态系统退化、资源约束趋紧等一系列生态问题，并引起了社会各界的广泛关注。为保护本国自然资源和生态环境，阿根廷自20世纪初开始建设以国家公园为主体的自然保护地体系。按照资源类型、资源特色、受威胁程度、保护等级、利用程度等标准，阿根廷将其自然保护地划分为国家公园、自然纪念地、国家保护区、严格自然保护区、野生自然保护区、教育自然保护区、海洋保护区等7

种类型。

在阿根廷，国家公园是自然状态下在生物多样性、景观等资源特色上有较大吸引力且能够代表区域特色的一类保护地，其主要目的是“满足国家生物多样性安全需要”，除可持续的旅游活动外，禁止一切开发活动。1903年，阿根廷开始探索建设国家公园，经过30多年的探索学习，阿根廷国会于1934年批准建立了阿根廷历史上首个国家公园——纳韦尔瓦皮国家公园。阿根廷成为南美洲第一个建立国家公园的国家，也是继美国和加拿大之后美洲第三个建立国家公园的国家。截至2020年12月，阿根廷共设立了38个国家公园①。

在国家公园管理方面，阿根廷实行中央集权型管理模式，隶属于环境与可持续发展部的国家公园管理局是阿根廷国家公园及其他保护地的管理机构，管理局不仅负责对全国国家公园进行管理，同时也负责自然纪念地、国家保护区、严格自然保护区、野生自然保护区、教育自然保护区、海洋保护区等其他类型保护地的管理。根据管理职能的需要，阿根廷国家公园管理局内设12个管理部门，分别对国家公园及其他保护地的保护、自然教育、公众利用、人力资源、战略规划、基础建设等进行统一管理。各个国家公园设有独立的国家公园管理处，在行政上接受国家公园管理局的领导，各个国家级保护地管理机构也直接接受国家公园管理局的领导，地方各类保护地则由各省独立设置管理部门，业务上接受国家公园管理局的指导（张天星等，2018）。

作者梳理了纳韦尔瓦皮国家公园、普埃洛湖国家公园、塔兰帕亚国家公园、拉宁国家公园、火地岛国家公园、洛斯卡多内斯国家公园、埃尔帕尔马国家公园、卡利瓜国家公园、前三角洲国家公园、埃尔莱昂西托国家公园等10个国家公园的生态体验项目信息，如表3-12所示。

表3-12 阿根廷部分国家公园生态体验项目

国家公园	生态体验项目
纳韦尔瓦皮国家公园	徒步远足、攀岩、滑雪、漂流、皮划艇运动、垂钓、骑行、骑马、观鸟、野外露营、游船观光、湖泊景观观赏

① 资料来源：https：//sib. gob. ar/?＃!/buscar/parque%20Nacional。

（续）

国家公园	生态体验项目
普埃洛湖国家公园	徒步远足、攀岩、骑行、骑马、垂钓、漂流、皮划艇运动、观鸟、野外露营、游船观光、野生植物观赏
塔兰帕亚国家公园	徒步远足、骑行、机动车观光、野外露营、野生动植物观赏、参观遗产遗迹
拉宁国家公园	徒步远足、登山、垂钓、骑行、骑马、漂流、皮划艇运动、观鸟、野生动物观赏、野外露营
火地岛国家公园	徒步远足、骑行、骑马、皮划艇运动、野外露营、机动车观光、游船观光、观鸟、野生动物观赏、参观遗产遗迹、参观博物馆
洛斯卡多内斯国家公园	徒步远足、登山、垂钓、游船观光、野外露营、冰川景观观赏
埃尔帕尔马国家公园	徒步远足、骑行、骑马、皮划艇运动、野外露营、观鸟、游船观光、参观遗产遗迹、参观博物馆
卡利瓜国家公园	徒步远足、骑行、骑马、观鸟、野外露营
前三角洲国家公园	徒步远足、观鸟、游船观光、野外露营
埃尔莱昂西托国家公园	徒步远足、骑行、骑马、观鸟、野外露营、参观天文观测站

3. 智利国家公园生态体验项目现状

智利是南美洲较早开展自然保护地实践的国家。智利的自然保护地体系由国家公园、国家自然保护区、自然遗迹 3 类构成。根据智利国内法，国家公园是“为保护自然风景名胜和国家重要动植物而设立的地区，公众通过置于官方监督之下游览这些区域”，国家自然保护区是“为保护和利用自然资源而设立的地区，区域内动植物受到严格的保护”，自然遗迹是“为保护具有审美、历史或科学价值的物种而设立的区域，区域内只允许科学研究或政府检查”，这 3 类保护地由智利农业部下属国家林业委员会的国家自然保护地系统进行统一管理，目的是“保护自然资源、环境遗产”和“确保生物多样性”。截至 2020 年 12 月，智利共建立了 42 个国家公园、46 个国家自然保护区、18 个自然遗迹，总面积为 186 201.930 8 公里^{2}①，其中陆地面积 159 917.1 公里^2，约占智利陆地国土面积的 21.14%。

① 资料来源：https：//www.conaf.cl/parques－nacionales/parques-de-chile/。

作者梳理了维森特佩雷斯罗萨莱斯国家公园、百内国家公园、孔吉利奥国家公园、拉帕努伊国家公园、圣拉斐尔湖国家公园、劳卡国家公园、奇洛埃国家公园等7个国家公园的生态体验项目信息，如表3-13所示。

表3-13 智利部分国家公园生态体验项目

国家公园	生态体验项目
维森特佩雷斯罗萨莱斯国家公园	徒步远足、登山、滑雪、骑马、骑行、游泳、垂钓、户外教育活动、游船观光、野生动植物观赏
百内国家公园	徒步远足、登山、攀岩、骑马、垂钓、皮划艇运动、野外露营、摄影、机动车观光、游船观光、野生动植物观赏
孔吉利奥国家公园	徒步远足、垂钓、观鸟、野生动植物观赏、野外露营、户外教育活动、参观遗产遗迹
拉帕努伊国家公园	徒步远足、骑行、骑马、游泳、冲浪、洞穴观光、摄影、参观遗产遗迹
圣拉斐尔湖国家公园	徒步远足、登山、垂钓、摄影、观鸟、野生动植物观赏、游船观光、冰川景观观赏
劳卡国家公园	徒步远足、登山、垂钓、观鸟、野生动植物观赏、摄影、参观教堂
奇洛埃国家公园	徒步远足、骑马、皮划艇运动、垂钓、观鸟、野生动植物观赏、野外露营、参观遗产遗迹

（五）欧洲国家公园生态体验项目现状

1. 英国国家公园生态体验项目现状

根据保护地等级层次，英国自然保护地体系划分为国际级别、欧洲级别、英国国家级别和英国成员国级别4个等级（陈耀华，黄朝阳，2019）。国际级别包括世界遗产、生物圈保护区、湿地保护区、世界地质公园；欧洲级别包括特别保护区、社区保护区、鸟类特殊保护区、生物基因保护区、欧洲示范保护区A类及C类；英国国家级别包括国家公园、乡村公园、海洋自然保护区、国家自然保护区、森林公园、野生动物保护区、地质地貌保护区；英国成员国级别包括国家优美风景保护区、公家风景区、特殊保护区、野生动物保护区、地区公园、特殊科学意义区、特殊科研价值区、景观保护区、地质保护区、地球科学保护区、海洋监测区、国家信托保护区、地方自然保护区、环境敏感区等。其中，国际级别和欧洲级别的保护地以生物多样性和生态系统保护为目标，国家级别和英国成员国级别的保护地以景观保护、公众游憩为目标。

相较于美国和加拿大，英国国家公园体制建设较晚。1949年通过的《国家公园与乡村进入法》是英国首次设立包括国家公园在内的国家保护地；1951年设立了第一批国家公园；1995年通过的《环境法案》明确了设立国家公园的目的，即“保护和优化公园自然美景、野生动物和文化遗产并为公众提供理解和欣赏国家公园的机会”。由于国土面积小、人口密度大且拥有悠久的人类聚居史及较多的人类干扰活动，与美国和加拿大“荒野型”国家公园不同，英国国家公园具有明显的乡村性和半乡村性。截至2020年12月，英国共设立了15个国家公园①，其中英格兰10个、威尔士3个、苏格兰2个，公园涵盖了山地、草甸、高沼地、森林和湿地等区域。国家公园总面积为22 660公里^2，约占英国国土面积的12.7%，其中占英格兰面积的9.3%、威尔士面积的19.9%、苏格兰面积的7.2%。

英国国家公园管理体制较为复杂。在联合王国层面，国家环境、食品和乡村事务部负责所有国家公园；在成员国层面，英格兰自然署、苏格兰自然遗产部、威尔士乡村委员会分别负责其国土范围内的国家公园事务；在国家公园层面，每个国家公园均设立独立的公园管理局，由中央政府拨款，负责管理公园的具体事务。国家公园管理局的主要任务是制定地方层次的公园管理规划，为土地拥有者提供管理框架并提供规划审批服务，管理公众步行进入国家公园开放地区的权益；具体职责是与土地所有者签订土地管理手续和公众进入协议；小规模地进行适合当地需要的工业、商业和旅游开发；建立停车场、野餐区和简易饭店，建立游客中心和出版当地导游小册子，向游客提供封闭或限制地区的信息；举办自然科普培训班等（徐菲菲，2015）。此外，部分非政府机构也参与国家公园的管理，如国家公园管理局协会、国家信托和林业委员会、野生生物信托、森林信托等。

作者梳理了达特穆尔国家公园、湖区国家公园、峰区国家公园、新森林国家公园、诺森伯兰郡国家公园、凯恩戈姆山国家公园、罗蒙湖与特罗萨克斯国家公园、布雷肯比肯斯国家公园、彭布罗克郡海岸国家公园、雪墩山国家公园等10个国家公园的生态体验项目信息，如表3-14所示。

① 资料来源：https：//www.nationalparks.uk/parks/。

表 3-14　英国部分国家公园生态体验项目

国家公园	生态体验项目
达特穆尔国家公园	徒步远足、攀岩、骑行、骑马、游泳、皮划艇运动、垂钓、摄影、少年护林员计划、野外定向运动、户外教育活动、参加主题节会、参观博物馆、参观遗产遗迹
湖区国家公园	徒步远足、攀岩、骑行、游泳、皮划艇运动、游船观光、观星、参加主题节会、参观博物馆、参观遗产遗迹
峰区国家公园	徒步远足、攀岩、滑翔伞运动、骑行、骑马、垂钓、游泳、皮划艇运动、洞穴观光、野外露营、野生植物观赏、户外教育活动、参观博物馆、参观遗产遗迹
新森林国家公园	徒步远足、骑行、骑马、皮划艇运动、垂钓、高尔夫球运动、游船观光、机动车观光、野生动植物观赏、野外露营、参加主题节会、参观博物馆、参观遗产遗迹
诺森伯兰郡国家公园	徒步远足、登山、骑行、骑马、垂钓、观星、野生动植物观赏、野外定向运动、观看艺术表演、参观博物馆、参观遗产遗迹
凯恩戈姆山国家公园	徒步远足、滑雪、骑行、骑马、观星、机动车观光、野生动物观赏、少年护林员计划、高尔夫球运动、野外露营、参加主题节会、参观博物馆、参观遗产遗迹
罗蒙湖与特罗萨克斯国家公园	徒步远足、垂钓、游泳、冲浪、皮划艇运动、骑行、登山、高尔夫球运动、观星、野外露营、瀑布景观观赏、游船观光、野生动物观赏、户外教育活动
布雷肯比肯斯国家公园	徒步远足、攀岩、登山、骑行、骑马、垂钓、游泳、漂流、皮划艇运动、观星、观鸟、野生动植物观赏、瀑布景观观赏、洞穴观光
彭布罗克郡海岸国家公园	徒步远足、冲浪、皮划艇运动、骑行、骑马、观星、机动车观光、游船观光、野生动植物观赏、参观遗产遗迹
雪墩山国家公园	登山、骑行、冲浪、观星、洞穴观光、机动车观光、野生动植物观赏、野外露营、参观遗产遗迹

2. 法国国家公园生态体验项目现状

法国自然保护地体系完善，其本土及殖民地境内的自然保护地类型主要为国家公园、自然保护区、生物圈保护区、狩猎和野生动物保护区、大区自然公园、自然遗址、群落生物保护区和海洋保护区。这些保护地约占法国国土面积的21％和水域面积的32.5％。

1960年法国颁布了《国家公园法》，并参照美国国家公园管理模式，将国家公园定位为中央政府直接管理以保护自然生态系统为主要功能的绝对保护地，并于 1963 年建立了第一个国家公园——拉瓦努瓦斯国家公园，截至 2020 年 12 月，法国共建立了 11 个国家公园①，其中 8 个在法国本土、3 个在海外领地，国家公园总面积达 56 819 公里^2，占法国国土面积的 8%。

法国国家公园的发展经历了 40 多年的类美国体制，在各类问题逐渐暴露之后，于 2006 年启动了国家公园体制改革。2006 年 4 月 14 日法国政府颁布了新《国家公园法》，提出建立法国国家公园管理局，并以“生态共同体”作为社区管理的核心理念；2007 年 2 月 23 日法国环境部发布了《关于在所有国家公园执行基本原则的决议》，在操作层面确立了国家公园的主要目标和基本原则。改革后的法国国家公园管理体制分为中央层面和国家公园单元层面。在中央层面，隶属于法国环境部生物多样性署的国家公园管理局负责统筹协调 11 个国家公园的工作，其职责主要为：向各个国家公园管委会提供政策和技术支持；制定国际和全国层面的国家公园公共政策；在国际和全国论坛上代表法国国家公园；管理国家公园的品牌和形象。在国家公园单元层面，法国主要采用“董事会＋管委会＋咨询委员会”的管理体制，董事会负责民主协商和科学决策，管委会负责执行保护管理政策，咨询委员会负责提供专家咨询服务（张引等，2018）。

在分区规划与管理方面，改革后的法国国家公园采取“核心区＋加盟区”的管理模式。核心区以资源保护为首要目标，兼顾生态保育和科研教育功能，其管理主要由国家公园管委会执行，人为活动通常受到限制；加盟区主要以社区协调发展为出发点，由周边市镇与国家公园管委会签署自愿加盟协议，促进资源保护与经济发展的有机结合（法国国家公园管理局，2021）。加盟区社区的管理以“生态共同体”为核心理念，强调加盟区与核心区的整体性，社区居民都具有保护自然资源和生物多样性的义务。

作者梳理了拉瓦努瓦斯国家公园、波尔克罗国家公园、比利牛斯国家公园、塞文山脉国家公园、埃克兰国家公园、马尔康杜国家公园、瓜德罗普国家公园、圭亚那国家公园、留尼旺国家公园、卡兰克斯国家公园、森林国家公园等 11 个国家公园的生态体验项目信息，如表 3-15 所示。

① 资料来源：http：//www. parcsnationaux. fr/fr/des-decouvertes/les-parcs-nationaux-de-france/。

表 3-15　法国国家公园生态体验项目

国家公园	生态体验项目
拉瓦努瓦斯国家公园	徒步远足、攀岩、登山、骑行、骑马、漂流、垂钓、皮划艇运动、滑雪、滑翔伞运动、热气球观光、溪降、野生动植物观赏、户外教育活动、参观古村落、参观博物馆、参观遗产遗迹
波尔克罗国家公园	徒步远足、骑行、浮潜、潜水、游船观光、野生动植物观赏、户外教育活动、参加主题节会、参观遗产遗迹
比利牛斯国家公园	徒步远足、观星、垂钓、野生动植物观赏、户外教育活动、参观博物馆、参观遗产遗迹
塞文山脉国家公园	徒步远足、攀岩、骑行、骑马、垂钓、游泳、皮划艇运动、滑雪、洞穴观光、野生动植物观赏、观星、户外教育活动、参观博物馆、参观遗产遗迹
埃克兰国家公园	徒步远足、登山、垂钓、野外露营、野生动植物观赏、户外教育活动、参观遗产遗迹
马尔康杜国家公园	徒步远足、漂流、溪降、登山、攀岩、骑行、骑马、滑雪、湖泊景观观赏、野生动植物观赏、参观古村落、参观博物馆、参观遗产遗迹
瓜德罗普国家公园	徒步远足、潜水、游泳、瀑布景观观赏、观鸟、野生动植物观赏、户外教育活动、参观博物馆
圭亚那国家公园	徒步远足、骑行、垂钓、皮划艇运动、野生植物观赏、地质景观观赏、户外教育活动、参观遗产遗迹
留尼旺国家公园	徒步远足、滑翔伞运动、浮潜、潜水、溪降、漂流、骑行、骑马、洞穴观光、瀑布景观观赏、野生动植物观赏、户外教育活动
卡兰克斯国家公园	徒步远足、攀岩、潜水、游泳、皮划艇运动、垂钓、骑行、游船观光、野生动植物观赏、参观博物馆、参观遗产遗迹
森林国家公园	徒步远足、骑行、野生动植物观赏、艺术家驻地计划、户外教育活动、参观古村落、参观博物馆、参观遗产遗迹

3. 德国国家公园生态体验项目现状

德国是联邦共和制国家，根据德国宪法的相关规定，自然保护工作由联邦政府和州政府共同开展。联邦政府制定有关自然保护的法律框架，各州基于联邦法律，制定州一级的法律法规，并在法律实施过程中享有一定的自由裁量权。1976 年颁布的《联邦自然保护法》将德国自然保护地划分为 11 种类型，分别为自然保护区、国家公园、国家自然纪念物、生物圈保护区、风景保护地、自然公园、自然文物、受保护的景观要素、被法律保护的群落生境、动植物栖息地、鸟类保护地，这 11 类保护地保护尺度不同，但其核心目标均为自然保护。其中，动植物栖息地与鸟类保护地基于欧盟层面；国家公园、生物圈保护区与自然公园属于大尺度保护地，并统称为国家自然风景；地方层面的自然保护区、风景保护地，规模中等但分布广泛；国家自然纪念物和自然文物体现对小尺度保护地的重视；受保护的景观要素、被法律保护的群落生境体现对环境重要节点的重视（李然，2020）。

德国国家公园强调大尺度荒野保护，“让自然成为自然”是国家公园保护的基本原则。根据德国 2010 年新修订的《联邦自然保护和景观管理法》，国家公园指有法律约束的确定区域，面积大，未被破坏，且具有独特性，在满足自然保护的前提下，主要区域没有人类干扰或人类干扰程度在有限范围内，保证自然过程和自然动态不受干扰。国家公园还承担环境监测、自然教育、为公众提供自然体验等责任。自 1970 年建立第一个国家公园——巴伐利亚森林国家公园以来，截至 2020 年 12 月，德国共建立了 16 个国家公园，总面积为 10 504.42 公里^2，除去北海和波罗的海水域面积，共 2 082.38 公里^2，占德国陆地国土面积的 0.6%①。

在资源类型上，国家公园覆盖了德国多样的生态系统，如高山流石滩、高山草甸、山地森林、河流沼泽、海岸浅滩和海洋等。在管理体制上，德国国家公园实行地方自治管理。联邦政府层面，隶属于环保部的联邦自然保护局负责管理全国国家公园事务，主要职责是：为联邦政府决策提供科学依据；为大尺度的保护项目、科研项目和先锋实验项目提供资金资助；签订国际合作合约，并协调实施；为实践者和广大公众提供信息，开展公共教育活动（德国联邦自然保护局，2021）；州政府层面，各州政府根据自身特点决定是否建立国家公园，以及制定特定国家公园的法律，各州国家公园法律框架基本类似，在具体管理条文方面有所差别。同时，各州的国家公园法律均对国家公园性质、功能、建立目的、管理机构、管理规模等做出了具体的说明。

作者梳理了巴伐利亚森林国家公园、哈茨山国家公园、下奥得河河谷国家公园、前波莫瑞前海湾国家公园、下萨克森浅滩国家公园、凯勒瓦尔德-埃德湖国家公园、海尼希国家公园、艾弗尔国家公园、莫利茨国家公园、萨克森施韦茨国家公园等 10 个国家公园的生态体验项目信息，如表3-16所示。

① 资料来源：https：//www.bfn.de/themen/gebietsschutz-grossschutzgebiete/nationalparke.html。

表 3-16　德国部分国家公园生态体验项目

国家公园	生态体验项目
巴伐利亚森林国家公园	徒步远足、骑行、滑雪、少年护林员计划、野生动植物观赏、野外定向运动、户外教育活动、参加主题节会、参观博物馆
哈茨山国家公园	徒步远足、登山、骑行、滑雪、野生动植物观赏、野外定向运动、少年护林员计划、参加主题节会、参观博物馆
下奥得河河谷国家公园	徒步远足、骑行、皮划艇运动、观鸟、野生动植物观赏、少年护林员计划、参加主题节会、参观博物馆
前波莫瑞前海湾国家公园	徒步远足、骑行、骑马、冲浪、垂钓、皮划艇运动、观鸟、野生动植物观赏、少年护林员计划、户外教育活动、野外定向运动、参观博物馆
下萨克森浅滩国家公园	徒步远足、冲浪、垂钓、骑行、骑马、观鸟、野生动植物观赏、游船观光、摄影、少年护林员计划、户外教育活动、野外定向运动、参观博物馆
凯勒瓦尔德-埃德湖国家公园	徒步远足、骑行、野生动物观赏、户外教育活动、参观博物馆
海尼希国家公园	徒步远足、骑行、树顶小径观光、野外露营、野生动物观赏、少年护林员计划、户外教育活动、参观博物馆
艾弗尔国家公园	徒步远足、骑行、骑马、滑雪、观星、观鸟、野生动物观赏、少年护林员计划、野外定向运动、户外教育活动、参观博物馆
莫利茨国家公园	徒步远足、骑行、骑马、皮划艇运动、观鸟、野外露营、野外定向运动、少年护林员计划、户外教育活动、参观博物馆
萨克森施韦茨国家公园	徒步远足、登山、攀岩、骑行、少年护林员计划、户外教育活动、参观博物馆

4. 西班牙国家公园生态体验项目现状

根据法律框架的约束和保护，西班牙自然保护地体系由 3 种类型构成，分别为受西班牙立法保护的自然保护地、由自然 2000 计划[①]确立的自然保护地网络、由国际组织（不包括自然 2000 计划）确定的保护区，这 3 种类型的保护地又根据保护对象的不同细分为不同小类。其中，受西班牙立法保护的自然保护地包括国家公园、自然公园、自然保护区、海洋自然保护区、自然遗迹、受保护的景观等 6 种类别；自然 2000 计划保护地网络包括鸟类特殊保护区、重点保护区等 2 种类别；国际组织确定的保护区包括地中海重要保护区、东北大西洋海洋环境公约确立的自然保护区、欧洲委员会生物遗传重要

① 自然 2000 计划为欧盟自然保护地框架。

保护地等 3 种类别。

西班牙国家公园建设历史始于 1916 年，是欧洲少数几个最早根据美国黄石国家公园模式建立国家公园的国家之一。截至 2020 年 12 月，西班牙共建立了 16 个国家公园（尼斯山脉国家公园原定于 2019 年春季宣布设立为西班牙第 16 个国家公园，但此时正举行大选，该国家公园的申报无法获得批准。尽管该国家公园在 2021 年 6 月 23 日被批准设立为国家公园，但本书在统计时仍将该国家公园列入国家公园总数），其中 11 个在本土、5 个在海岛①，国家公园总面积为 4 071.66 公里^2，约占西班牙国土面积的 0.8%。西班牙国家公园的主要类型为山岳型（主要分布在北部地区）、观鸟型（主要分布在中部和南部地区）、火山遗迹型（主要分布在加纳利群岛）、原始森林型和滨海型。

为推动国家公园的发展，西班牙建立了三级法律法规体系：第一级为国家大法，2007 年颁布的《自然遗产和生物多样性法》架构了自然保护区的政策体系，并设条款要求制定国家公园法；第二级为国家公园行业性法律法规和行政指令，主要包括《自然空间和野生动植物保护法》（1989）、《国家公园网络法》（2007）等，从运行管理、规划、组织机构、资金投入、公众参与等方面完善国家公园的管理并提出具体的法律要求；第三级为各国家公园制定的法律和行政命令，根据法律要求，各国家公园必须制定符合自身情况的保护法规，根据实际情况加强管理，促进保护区的可持续发展（陈洁等，2014）。

在国家公园管理体制方面，西班牙建立了中央政府、自治区政府和国家公园三级管理体系，各级均指定专门机构负责国家公园的管理工作。由于西班牙正在逐步向地方政府移交国家公园管理权属，因此整个管理框架还处于调整适应中。中央政府层面，隶属于生态转型和人口挑战部的国家公园管理署主管全国国家公园的监督管理工作，其主要职责为协调和推动网络建设、制定基本指导大纲、组织规划工作、保证各国家公园协调发展、发布国家公园信息。自治区政府层面，根据 2006 年宪法法院判决，国家公园的管理权限逐步移交到所属自治区，由自治区环境相关部门负责国家公园的管理。国家公园层面，在各个国家公园内部，管理机制大体相同，一般由公园负责人、

① 资料来源：https：//www. miteco. gob. es/es/red-parques-nacionales/nuestros-parques/default. aspx。

行政管理部门和管护部门组成，主要负责公园的具体管护工作。

作者梳理了欧洲之峰国家公园、内华达山脉国家公园、多尼亚纳国家公园、蒙弗拉圭国家公园、提曼法亚国家公园、塔武连特山国家公园、瓜达拉玛山脉国家公园、卡布莱拉群岛国家公园、泰德国家公园、加拉霍奈国家公园等10个国家公园的生态体验项目信息，如表3-17所示。

表3-17　西班牙部分国家公园生态体验项目

国家公园	生态体验项目
欧洲之峰国家公园	徒步远足、登山、摄影、湖泊景观观赏、野生动物观赏、参观遗产遗迹
内华达山脉国家公园	徒步远足、骑马、骑行、滑雪、机动车观光、野外露营、野生动植物观赏、户外教育活动
多尼亚纳国家公园	徒步远足、骑马、骑行、观鸟、摄影、野生植物观赏、户外教育活动、参观博物馆
蒙弗拉圭国家公园	徒步远足、骑行、骑马、观鸟、皮划艇运动、野外露营、摄影、野生植物观赏、洞穴观光、机动车观光
提曼法亚国家公园	乘单峰驼观光、机动车观光、火山景观观赏、间歇泉观赏、参观博物馆
塔武连特山国家公园	观星、野外露营、野生动植物观赏、瀑布景观观赏、参观遗产遗迹
瓜达拉玛山脉国家公园	徒步远足、登山、参观遗产遗迹、参观古村落、参加主题节会
卡布莱拉群岛国家公园	浮潜、潜水、游泳、皮划艇运动、野生动物观赏、游船观光、参观遗产遗迹
泰德国家公园	徒步远足、火山景观观赏、野生动植物观赏、观星、参观博物馆
加拉霍奈国家公园	徒步远足、观鸟、野生动物观赏、参观博物馆

5. 芬兰国家公园生态体验项目现状

芬兰自然保护地体系由国家法定保护区和非国家法定保护区构成。其中，国家法定保护区包括国家公园、严格管制保护区、泥沼保护区、多草森林保护区、原始森林保护区、海豹自然保护区、私有自然保护区等7种类型；非国家法定保护区包括原野地、国家山野徒步区、休闲区等3种类型。这些不同类型的保护区具有不同的功能与管理方式，例如：严格管制保护区的主要功能为自然保护与科学研究，其大部分区域都限制公众进入；多草森林保护区的设立是为保护多草森林分布区的代表类型及其最具价值的生物，保护区允许公众进入和徒步，但禁止宿营和篝火；海豹自然保护区的设立是为保护海豹栖息生境及开展科研与种群监测活动；设立原野地的目的是为保护原野地与萨米文化；国家山野徒步区的功能为户外穿越及其他休闲活动，区域内设有徒步道、宿营区、休息区等设施（吕偲，雷光春，2014）。

在芬兰，国家公园是超过10公里^{2}并对所有公众开放的自然保护区。1938年，芬兰开始建设国家公园，截至2020年12月，芬兰共建立了40个国家公园[①]，总面积为10 033公里^2，约占其陆地国土面积的2.9%。芬兰设立国家公园的目的是“为确保生物多样性”和“保护最有价值的自然遗址与景观特色”，国家公园覆盖了芬兰多样的生态系统如群岛、湖泊、森林、沼泽和山地等，公园内的自然资源与景观具有典型的芬兰特点，同时也具有蕴含在自然风光与景观内的国家及国际重要自然价值。芬兰国家公园的主要功能为户外休闲，相关法规确保户外休闲活动不会妨碍公园内的自然保护。

在国家公园管理方面，芬兰实行中央集权型管理模式，隶属于农林部的森林管理局是国家公园的管理机构，该机构致力于寻求经济发展与生态保护的最佳平衡措施，以满足民众对国土资源所具有的经济价值、自然保护及休闲娱乐的众多需求。根据《芬兰林业与公园管理局法》，该机构的职责为：通过可持续、重效益的管理及适宜措施，保护与利用自然资源及生物多样性。

作者梳理了努克西奥国家公园、黛依约国家公园、科里国家公园、奥兰卡国家公园、霍萨国家公园、比哈-洛斯托国家公园、雷波维希国家公园、帕拉斯-禺拉斯山国家公园、芬兰东部湾国家公园、埃克内斯群岛国家公园等10个国家公园的生态体验项目信息，如表3-18所示。

表3-18 芬兰部分国家公园生态体验项目

国家公园	生态体验项目
努克西奥国家公园	徒步远足、攀岩、攀冰、骑行、骑马、皮划艇运动、滑雪、滑冰、垂钓、游泳、野外露营、观鸟、野外定向活动、户外教育活动、少年护林员计划、参观自然中心
黛依约国家公园	徒步远足、垂钓、骑行、皮划艇运动、游泳、观鸟、野外定向活动、野外露营、参观遗产遗迹

① 资料来源：https：//www.protectedplanet.net/country/FIN。

（续）

国家公园	生态体验项目
科里国家公园	徒步远足、滑雪、骑行、骑马、垂钓、皮划艇运动、观鸟、参观自然中心、野外露营、参观遗产遗迹
奥兰卡国家公园	徒步远足、滑雪、皮划艇运动、垂钓、观鸟、摄影、野外露营
霍萨国家公园	徒步远足、潜水、游泳、骑行、滑雪、皮划艇运动、垂钓、观鸟、野外露营、摄影
比哈-洛斯托国家公园	徒步远足、骑行、滑雪、观鸟、垂钓、参观博物馆、紫水晶矿观赏
雷波维希国家公园	徒步远足、攀岩、骑行、滑雪、滑冰、皮划艇运动、垂钓、游泳、野外露营
帕拉斯-禺拉斯山国家公园	徒步远足、骑行、滑雪、垂钓、皮划艇运动、游泳、观鸟、野外定向活动、野外露营、参观博物馆
芬兰东部湾国家公园	徒步远足、游船观光、观鸟、滑雪、潜水、垂钓、野外定向活动、野外露营、参观博物馆、参观遗产遗迹
埃克内斯群岛国家公园	徒步远足、潜水、滑冰、皮划艇运动、垂钓、观鸟、参观自然中心、参观博物馆、参观遗产遗迹

（六）大洋洲国家公园生态体验项目现状

1. 澳大利亚国家公园生态体验项目现状

澳大利亚国家保护地的建设历史始于1863年澳大利亚地方政府颁布的《荒地法》和《皇家土地法》。根据这两部法案，澳大利亚于1866年在新南威尔士建立了第一个保护区，但自第一个保护区建立至20世纪末，澳大利亚的自然保护地并非国家层面的保护地概念，因为在20世纪90年代之前澳大利亚联邦政府并没有直接参与保护地的体系建设工作，所谓的保护地建设是各州的自发行为。随着1975年《国家公园和野生动植物法》的颁布，联邦政府开始在保护地规划中扮演重要角色，但由于各州建设历史和体系建设思路的不同，联邦政府难以对数量众多、种类不一的保护地进行统一管控，保护地体系建设也缺乏国家层面的指导标准和管理规范。在此背景及1992年签署的联合国《生物多样性公约》的要求下（公约要求所有成员国须建立相应的自然保护区体系，为未来国家自然资源的保护、规划和管理提供系统化的指导），澳大利亚正式展开了国家保护地规划的探索建设（王祝根等，2017）。目前，澳大利亚建立了与世界自然保护联盟制定的保护层级一致的自然保护地体系，分别为严格自然保护区、原生自然保护区、国家公园、自然遗址保护区、物种栖息地保护区、自然景观保护区、自然资源保护区。

1879年，澳大利亚建立了本国第一个国家公园——皇家国家公园，这是世界范围内建立的第二个国家公园，截至2020年12月，澳大利亚共建立了680个国家公园[①]，分布在澳大利亚的2个领地6个州。在澳大利亚，国家公园是拥有大型的自然或近自然状态的一个或多个生态系统的保护区，其设立的目的是“保护物种与生态系统的完整性并兼具相应的文化、科研、教育及适度的休闲与旅游功能”，目标是“保护自然资源的多样性和生态系统的完整性及提供一定的生态科普教育和生态休闲旅游功能”。

由于澳大利亚是联邦制国家，各州均设立州政府且拥有独立的立法权，故澳大利亚国家公园分为联邦政府管理和属地管理。在联邦政府层面，隶属于农业、水和环境部的国家公园局负责管理卡卡杜国家公园、乌鲁鲁-卡塔丘塔国家公园、波特里国家公园、圣诞岛国家公园、诺福克岛国家公园、普鲁吉林国家公园等6个资源较为独特的国家公园；在州政府层面，各州对州内国家公园进行单独管理，如新南威尔士州的国家公园由环境和遗产办公室下属的国家公园和野生动物管理局进行管理，该机构负责野生动物保护、消防通道维护和保护地物种统计分析等；西澳大利亚州的国家公园由生物多样性保护与旅游部下属的公园与野生动物管理局进行管理，该机构负责州内的国家公园、保护地等的旅游与生物多样性；维多利亚州的国家公园由环境与气候部下属的维多利亚公园管理局进行管理，该机构负责国家公园的综合管理，包括保护历史遗迹和原著文化的遗址与土地（张天宇，乌恩，2019）。

作者梳理了皇家国家公园、科修斯国家公园、纳玛吉国家公园、乌鲁鲁-卡塔丘塔国家公园、卡卡杜国家公园、圣灵群岛国家公园、弗林德斯山脉国家公园、威尔逊岬国家公园、卡里基尼国家公园、菲欣纳国家公园等10个国家公园的生态体验项目信息，如表3-19所示。

① 资料来源：https：//www.protectedplanet.net/country/AUS。

表 3-19　澳大利亚部分国家公园生态体验项目

国家公园	生态体验项目
皇家国家公园	徒步远足、皮划艇运动、垂钓、游泳、冲浪、骑行、观鸟、野生动植物观赏、瀑布景观观赏、野外露营、户外教育活动、参观博物馆、参观岩画遗址
科修斯国家公园	徒步远足、滑雪、骑行、骑马、垂钓、游泳、登山、攀岩、攀冰、观鸟、野生植物观赏、皮划艇运动、洞穴观光、瀑布景观观赏、机动车观光、野外露营、参观岩画遗址
纳玛吉国家公园	徒步远足、攀岩、滑翔伞运动、洞穴观光、溪降、骑行、骑马、滑雪、野外露营、野生动植物观赏、机动车观光、参观岩画遗址
乌鲁鲁-卡塔丘塔国家公园	徒步远足、骑行、观鸟、观星、少年护林员计划、摄影、机动车观光、乘骆驼观光、参观文化中心、参观岩画遗址
卡卡杜国家公园	徒步远足、垂钓、观鸟、野生动植物观赏、摄影、游船观光、机动车观光、空中观光、少年护林员计划、户外教育活动、参观文化中心、参观岩画遗址、参加主题节会
圣灵群岛国家公园	徒步远足、浮潜、潜水、游泳、皮划艇运动、垂钓、野外露营、野生动物观赏、参观岩画遗址
弗林德斯山脉国家公园	徒步远足、骑行、野外露营、野生动植物观赏、机动车观光、参观岩画遗址
威尔逊岬国家公园	徒步远足、浮潜、潜水、野生动植物观赏、野外露营、游船观光
卡里基尼国家公园	徒步远足、登山、游泳、野外露营、机动车观光、野生动植物观赏
菲欣纳国家公园	徒步远足、浮潜、潜水、游泳、皮划艇运动、垂钓、观鸟、野生动植物观赏、野外露营、参观遗产遗迹

2. 新西兰国家公园生态体验项目现状

新西兰是世界上最早建立保护地的国家之一，目前，已建立了较为完善的自然保护地体系。新西兰自然保护地主要包括国家公园、保护公园、生态区域、庇护区域、野生动物管理区、海洋保护区、历史保护区、风景保护区、自然保护区、科学保护区、荒野地、水资源区域、舒适区等13种类型。

新西兰国家公园建设历史悠久，1887年建立了本国第一个、世界第四个国家公园——汤加里罗国家公园，截至2020年12月，新西兰共建立了13个国家公园①，其中4个位于新西兰北岛、8个位于南岛、1个位于最南端的离岛斯图尔特岛。在新西兰，国家公园是具有占主导地位的地貌景观或特殊动

① 资料来源：https：//www.newzealand.com/int/national-parks/。

植物群落的区域，其建立的目的是“保护自然与人文资源和生态环境，并且保护优先于利用”。同时，国家公园实行分区管理制度，根据1980年颁布的《国家公园法》，新西兰国家公园被划分为3个区域：特别保护区、荒野区和游憩区。特别保护区内实行最严格的保护；荒野区面积较大且远离人类，区域内不设置任何道路、建筑或机械装置；游憩区内的游憩行为和游憩人数均受到严格的限制。

在国家公园管理体制方面，新西兰实行政府和非政府“双列统一管理体系”。国家公园的最高管理机构是议会，议会之下分两列管理系列：政府管理系列是在保护部统领下的中央核心管理部门和地方管理部门，中央核心管理部门在国家范围内负责政策制定、计划编制、审计、资源配置及维护和服务等工作，而地方管理部门主要负责协同地方政府进行管理，保护部是唯一的综合性保护管理部门，上对议会负责，下对新西兰公众负责；非政府管理系列由中央和地方保护委员会构成，中央保护委员会代表公众利益负责立法和监督工作，地方保护委员也具备保护和监督职能（李丽娟，毕莹竹，2018）。

在国家公园规划体系方面，新西兰非常重视保护与利用相协调及毛利土著文化的融入。一是国家公园的规划建设以详尽的资源本底调查为基础；二是有完善的技术方法作为规划导则，新西兰制定了国家公园“旅游规划工具”，同时引入了澳大利亚绿色环球21标准体系，使国家公园的旅游规划与发展有章可循；三是在规划时重视毛利土著文化的融入，促使自然景观和土著文化的有机融合，并鼓励和指导毛利社区充分参与规划的讨论和监督。

作者梳理了汤加里罗国家公园、艾格蒙特国家公园、尤瑞瓦拉国家公园、旺加努伊国家公园、峡湾国家公园、亚伯塔斯曼国家公园、尼尔森湖国家公园、帕帕罗瓦国家公园、卡胡朗伊国家公园、拉奇欧拉国家公园等10个国家公园的生态体验项目信息，如表3-20所示。

表3-20　新西兰部分国家公园生态体验项目

国家公园	生态体验项目
汤加里罗国家公园	徒步远足、滑雪、骑行、瀑布景观观赏、机动车观光、野外露营
艾格蒙特国家公园	徒步远足、登山、滑雪、摄影、野生植物观赏、瀑布景观观赏
尤瑞瓦拉国家公园	徒步远足、皮划艇运动、垂钓、野外露营、参观博物馆

（续）

国家公园	生态体验项目
旺加努伊国家公园	徒步远足、骑行、观鸟、垂钓、皮划艇运动、喷气快艇观光、瀑布景观观赏、野外露营
峡湾国家公园	徒步远足、登山、潜水、皮划艇运动、垂钓、观鸟、野生动物观赏、游船观光、洞穴观光、空中观光
亚伯塔斯曼国家公园	徒步远足、游泳、皮划艇运动、野外露营、野生动物观赏、游船观光
尼尔森湖国家公园	徒步远足、登山、骑行、垂钓、滑雪、皮划艇运动、野外露营、野生动植物观赏、游船观光
帕帕罗瓦国家公园	徒步远足、骑行、骑马、漂流、皮划艇运动、洞穴观光、观鸟、野外露营
卡胡朗伊国家公园	徒步远足、登山、骑行、洞穴观光、漂流、皮划艇运动、垂钓、野外露营
拉奇欧拉国家公园	徒步远足、浮潜、垂钓、皮划艇运动、观鸟、游船观光、参观博物馆

（七）国外国家公园生态体验项目汇总

生态体验项目是国家公园规划建设的一项重点内容，根据上文 200 个国家公园生态体验项目的梳理，这里将国外国家公园的生态体验项目汇总为以下 8 个类别，分别为休闲体验、户外运动体验、动植物观赏体验、历史文化体验、观光体验、科普考察、特色景观观赏体验、康养体验，如表 3-21 所示。

表 3-21　国外国家公园生态体验项目汇总

项目类别	项目内容	频次
休闲体验	徒步远足、骑马、虚拟公园体验、志愿者旅游、野外露营、摄影、观星、浮冰漫步、垂钓	514
户外运动体验	骑行、登山、攀岩、攀冰、滑雪、滑冰、溪降、瀑降、滑翔伞运动、浮潜、潜水、冲浪、漂流、滑水、皮划艇运动、游泳、高尔夫球运动、野外定向运动	508
动植物观赏体验	观鸟、野生动物观赏、野生植物观赏、野生动植物观赏	255
历史文化体验	观看艺术表演、参观古村落、参观遗产遗迹、参观岩画遗址、参观博物馆、参观展览、参观寺院、参观教堂、参观灯塔、参观文化中心、参观主题草场、参观种植园、参加主题节会、宗教朝圣、体验地方居民生活、体验原住民文化、文化体验、艺术家驻地计划	218
观光体验	游船观光、喷气快艇观光、机动车观光、洞穴观光、夜间浏览原始森林、骑象观光、热气球观光、树顶小径观光、乘骆驼观光、空中观光、地热奇观观光	136

（续）

项目类别	项目内容	频次
科普考察	自然观察、户外教育活动、防灾教育活动、参观海龟繁育中心、参观动物孤儿院、参观保育中心、参观自然教育中心、参观自然中心、参观天文观测站、少年护林员计划、教师研讨会	71
特色景观观赏体验	工业景观观赏、火山景观观赏、溪谷景观观赏、溪流景观观赏、瀑布景观观赏、湖泊景观观赏、冰川景观观赏、峡谷探险、蝙蝠洞探秘、沙丘景观观赏、地质景观观赏、间歇泉观赏、紫水晶矿观赏	53
康养体验	温泉疗养、海水浴、日光浴、森林浴、洞穴泥浴	16

二、国外国家公园经典案例

（一）美国黄石国家公园生态体验项目简介

黄石国家公园占地面积约为 9 065 公里^2，主要位于美国怀俄明州，部分位于蒙大拿州和爱达荷州，是世界上第一个国家公园，由美国国家公园管理局负责管理。黄石国家公园被美国人自豪地称为“地球上最独一无二的神奇乐园”，园内交通方便，环山公路长达 500 公里，将各主要景点联在一起，徒步路径长达 1 500 公里。位于黄石火山中心的黄石湖是园内最大的湖泊，也是整个北美地区最大的高海拔湖泊之一，黄石火山是北美最大且仍处于活跃状态的超级火山，在过去 200 万年中它曾数次以巨大的力量爆发，喷出的熔岩和火山灰也覆盖了公园内的绝大部分地区，得益于其持续的活跃状态，世界上的地热资源有半数位于黄石公园地区。依托这些资源，黄石国家公园开展了一些独具特色的生态体验项目，如地热奇观观光、少年护林员计划、垂钓等。

地热奇观观光：在黄石公园最伟大的经历之一就是见证公园的地质奇观，在地质奇观中名列前茅的是热液特征——温泉、泥潭、火山坑和间歇泉。据统计，公园内活跃着 1 万多种不同的热液特征，世界一半以上活跃的间歇泉就在这里，公园每年有 500～700 个间歇泉在活动。访客可以沿着木板路或者在指定的小径上，近距离见证温泉、泥潭、火山坑和间歇泉。

少年护林员计划：黄石国家公园有一个自我引导的少年护林员项目，适用于 4～17 岁。这个项目是一种向孩子们介绍公园自然奇观的方式，公园游客中心为他们提供全彩活动手册，售价为3美元，在完成活动手册中描述的与年龄相适应的要求并与游客中心的护林员一起审查工作之后，参与者将被授予黄石少年游骑兵官方徽章，这些徽章以美国国家公园管理局的徽章为模型，形状像一个箭头，其中4～7岁参与者的徽章图案为间歇泉、8～12岁参与者的徽章图案为一只灰熊、13～17岁参与者的徽章图案为一头野牛。该项目的主要目的是让青少年更多地了解公园的资源和热点，如热液地质学、野生动物和火灾生态学等。

垂钓：在公园每年400万访客中，约有5万人前来公园垂钓。100多年来，垂钓一直是一项备受访客欢迎的户外活动，许多访客来到黄石国家公园只是为了垂钓。垂钓产品看起来不符合国家公园保护“自然环境和本地物种”的要求，但是公园通过购买捕鱼许可证的制度设计对钓鱼者的行为做出了种种限制，保证了钓鱼者的行为能够满足国家公园的要求。捕鱼许可证在“钓具、诱饵、钩”“鱼类占有”“死亡鱼类处理”等方面做出了详细的限制，其中，钓具、诱饵、钩方面的限制：每个垂钓者只能使用一根钓竿及无铅人工诱饵，禁止将任何物质放入水中吸引鱼类，最好使用单尖钩，且钩子的尖端不允许有倒刺；鱼类占有方面的限制：垂钓者有责任按物种识别鱼类，本地鱼类应被放生，非本地鱼类在不同地区也会限制其占有量；死亡鱼类处理方面的限制：在垂钓过程中无意间死亡的鱼应放回河中，以便被水中的其他生物食用。

（二）美国阿卡迪亚国家公园生态体验项目简介

阿卡迪亚国家公园位于美国东部的缅因州，东临大西洋海岸线，由众多岛屿组成。1916年这些岛屿被初建为国家公园，1919年被命名为拉菲亚特国家公园，1929年更名为阿卡迪亚国家公园。公园以群山、森林、大海、沙滩、岩石、峭壁及众多内陆湖泊和岛屿闻名，占地面积约为190公里^2，是美国最小的国家公园之一，而受欢迎程度却仅次于黄石国家公园位列第二，仅2019年该国家公园的访客量就高达3 437 286人次，为缅因州创造了5 690个就业机会，带来了3.8亿美元的收入。

阿卡迪亚国家公园的主体部分为芒特迪瑟特岛，主要景点也集中在该岛上，长约44公里的环岛公路尽揽了整个公园的美景：苍郁的森林、宁静的湖泊、蜿蜒的海岸线、深邃的峡湾、险峻的悬崖等。岛上海拔约为467米的凯迪拉克山不仅是公园的最高点，也是美国东部沿岸的最高峰，站在山顶极目远眺，大海、松林及众多的湖泊和岛屿、峭壁耸立的海岸等一览无遗，在秋季和冬季，这里还拥有“全美第一日出观赏地”的美誉。位于该岛最南端的巴斯港拥有岛上唯一的灯塔，该灯塔雄踞在嶙峋的礁石上，日复一日、年复一年地见证着永恒不变的潮起潮落，并为过往船只指引航向。

艺术家驻地计划：阿卡迪亚国家公园艺术家驻地计划为艺术家提供了一种特殊的方式，让艺术家在公园木屋中度过两周的时间，探索国家公园秀丽的自然景观和丰富的游憩资源，其目的是鼓励有所成就的专业艺术家通过创新方式，让访客通过艺术视角体验国家公园。该计划向所有人开放，但选择往往基于先前的专业成就和更广泛的计划目标，以促进创新和受众的多样性。参与者通常在国家公园居住两周，如果参与者在公园通勤范围内拥有住宅或度假房产，那参与时间则不限于两周，并且还有资格作为“居民艺术家”深度参与计划。该计划要求每位驻地艺术家捐赠一件他们在公园居住时间内创作的绘画、雕塑、雕刻、文学作品等，并在居住期间内参与公众外联活动，这些活动一般为演讲、展览、研讨会、音乐会等。

观鸟：阿卡迪亚国家公园是观鸟爱好者的乐园，园内及周围共有308种的鸟类，此外，还有很多南北迁徙的鸟群经过这里。每年秋季9—11月是鹰群迁徙的时节，站在山顶，能够看到成千上万的鹰在沙滩或岩峰上休息，景象极其壮观。公园全年提供观赏鸟类的绝佳机会，访客可于5月或8月在奥豪特岛上观赏途经此岛的各种鸣鸟、岸鸟和燕鸥，还可在森林中聆听鸟类的鸣叫；可在约旦池塘地区或环湖漫步或徒步观赏红眼绿鹃、白喉麻雀、红熊朱雀、冰岛鸥等鸟类；可在海堤野餐区观赏到野鸭或在环岛水域戏耍或漫步沙滩觅食，还可通过望远镜观赏各种海鸟的活动。为保护园中的鸟类，在繁育期间，它们所栖息的岛屿与岩崖周围的小径都会被关闭，以确保它们不被人类活动所干扰。

观星：阿卡迪亚国家公园拥有美国东海岸最大的黑暗天空，是美国最好的观星国家公园之一，也是体验自然、探索科学、思考历史的绝佳场所。园内的主要观星地点为凯迪拉克山、约旦池塘、海堤野餐区、沙滩和海洋小径，在这些地方，访客不仅能够观赏到壮观的银河系，而且能够进行夜空摄影。

为保护国家公园的夜空，每年 9 月下旬，公园附近的社区会举办夜空节，在节日期间，当地会举办各种活动如讲座、音乐会、研讨会、艺术表演、观星等，其目的是增强公众保护阿卡迪亚星空的意识。

（三）加拿大班夫国家公园生态体验项目简介

班夫国家公园成立于 1885 年，是加拿大第一个国家公园、世界第三个国家公园。班夫国家公园位于加拿大阿尔伯特省，坐落于落基山脉北部，与贾斯珀国家公园、约霍国家公园、库特奈国家公园，以及罗布森省立公园、阿西尼伯因省立公园、汉帕省立公园共同组成了落基山脉国家公园群，该国家公园群占地面积 23 401 公里^2，是世界上面积最大的国家公园群。1984 年联合国教科文组织将落基山脉国家公园群作为自然遗产列入了世界遗产名录。

班夫国家公园占地面积 6 641 公里^2，园内自然资源丰富，遍布冰川、河流、湖泊、温泉、松林、高山草原等自然景观，人文气息浓厚，拥有 7 处国家历史遗址，被誉为加拿大国家公园体系“皇冠上的宝石”。公园有 3 个生态区域，包括山区、亚高山区和高山区，园内植被主要为山地针叶林、亚高山针叶林、花旗松、白云杉、云杉等，另外还有 500 多种显花植物，主要动物为棕熊、美洲黑熊、驼鹿、山地狮、美洲豹、猞猁等。班夫国家公园中有班夫和露易丝湖两座旅游小镇，其中露易丝湖、梦莲湖、弓谷公园大道、诺奎山等景点魅力十足。

滑雪：班夫国家公园拥有完美的滑雪环境，滑雪季节从 11 月中旬持续到次年 5 月中旬，香槟粉雪让全球滑雪爱好者心向往之，公园还拥有 3 个独特的滑雪胜地——阳光村滑雪场、露易丝湖滑雪场和诺奎山滑雪场，每个滑雪场都为不同级别的滑雪者提供不同的滑雪地形和体验。阳光村滑雪场由 3 座山峰组成，垂直落差达 1 070 米，是加拿大海拔最高的滑雪场，滑雪季从 11 月一直持续到次年 5 月，是加拿大可滑雪时间最长的滑雪场，该滑雪场共有 107 条雪道，其中 20%适合初学者、55%适合中级者、25%供高级滑雪者体验；露易丝湖滑雪场是北美最大的滑雪场地之一，它不仅连续多年获得“北美地区风景最优美的滑雪场”的美誉，还是加拿大规模最大的单板滑雪度假区，拥有世界上最松软的优良粉雪，该滑雪场在 4 座风格独特的山坡上拥有 18 公里^{2}的滑雪地形和 139 条雪道，其中初级道占 25%、中级道占 45%、高级道占30%，最长的雪道为8公里；诺奎山滑雪场适合家庭滑雪，也是公园内唯一的夜间滑雪场，该滑雪场规模较小，仅有74条雪道，其中初级道占20%、中级道占36%、高级道占28%、专业道占16%。

高尔夫球运动：落基山脉拥有数座冠军级的高尔夫球场，每一座球场都具有优美的自然景致。专业的球场设计、独特地理环境的曲折变幻，使得球场充满挑战并富有新鲜感。清新的空气、壮丽的美景等众多因素吸引了世界各地的高尔夫球手们来此一试身手。坐落于班夫国家公园内的费尔蒙班夫温泉酒店拥有世界上风景最优美的山地高尔夫球场，该球场最初由加拿大知名高尔夫球场建筑师斯坦利·汤普森于1928年设计了18洞球场，此后又比邻而建了由康尼什和罗宾逊设计的9洞球场，从而形成了27洞冠军级高尔夫球场，并于1989年对外开放。球场中有“恶魔之炉”称号的4号洞（标准杆3杆）被认为是世界最佳球洞之一。该球场设有练习场、完整的短杆练习设施和费尔蒙班夫温泉高尔夫学院，这个学院为高尔夫球手们提供一系列的教学课程。球场主要为商务游客和休闲度假游客提供服务。

骑行：班夫国家公园拥有加拿大最优美的道路和小径，自行车是探索公园的绝佳方式，同时公园也鼓励访客使用自行车来欣赏和享受公园的壮丽景观。公园内的自行车车道从容易到困难，可骑行时间从5月持续到10月。国家公园拥有世界上风景最美的公路，这里是公路自行车爱好者的梦想之地，访客可骑行在弓谷公园路感受城堡山袭来的清风，可沿冰原公园路穿越狭窄的山谷，欣赏美丽的湖泊、壮观的瀑布、高耸的山脉和冰川，还可沿着落基山遗产小径，从班夫前往坎莫尔。公园还拥有超过190公里的山地自行车车道，对于山地自行车爱好者，高山峻岭、岩石错杂、植物丛生的小道是不错的冒险场地。在冬季，雪地自行车是探索国家公园的最新方式，班夫和露易丝湖区的积雪小径访客全年均可到达。

（四）英国峰区国家公园生态体验项目简介

峰区国家公园成立于1951年，位于英格兰中部地带，占地面积1 438公里^2，覆盖了德比郡、约克郡、斯塔福德郡和柴郡等4个郡。根据世界自然保护联盟指南，峰区国家公园是第Ⅴ类自然保护地，属于人与自然共生的景观类型，公园内有大量居住在乡村与城镇的居民社区。

峰区国家公园有 3 个反映英格兰自然特征、具备国家代表性的地域景观，即黑峰、白峰和西南峰，这些景观特征涵盖了美丽的自然景观、独特的野生动植物和特色的乡村社区。公园覆盖了 13 个行政区与县议会，这些行政区有着不同的文化特征和历史沿革，形成了不同的社区传统。公园的地理环境受地质条件影响，形成了多样化的岩石分布类型，其中南部为石灰岩、北部为粗砂岩，这也使得地域建筑风貌各不相同，增强了社区多样性。国家公园的社区总人口约为 3.8 万人，但存在空间分布差异，作为公园内部的唯一镇区，贝克维尔小镇总人口约为 4 000 人；在乡村地区，大型居民点有 2 000 人，普通居民点少于 1 000 人。另外，主要人口和农业用地聚集在白峰周围，只有极少数人口聚居在黑峰荒地地区（布莱恩・泰勒，张引，2020）。

协调游憩需求和环境保护是峰区国家公园面临的主要矛盾，为此，峰区国家公园管理局将公园划分为 8 个具有不同景观特征的区域，分别为黑峰、黑峰西部边缘、黑峰约克郡边缘、白峰、西南峰、德温特谷、东部荒原和德比郡峰边缘。划分景观特征区域不仅为当地发展规划提供了空间框架，而且为制定游憩发展策略提供了依据。同时，国家公园管理局鼓励和加强不同景观特征区域对应适宜的生态体验项目，通过空间规划方法，实现游憩需求与高敏感度环境保护需求的平衡。

黑峰为偏远和宁静的野生荒野，在没有任何居住迹象的景观中给人一种荒野感，该区域大部分是可进入区域，访客可随意漫游，大部分地形都具有挑战性，设置了许多攀岩场所如天然岩石和废弃采石场，山谷区域可进行各种生态体验项目如徒步、冲浪、山地自行车、骑马等。黑峰西部边缘为河谷坡地与低洼地，四周有居民点，该区域部分为可进入区域，主要是封闭的农田，有许多水库提供垂钓和水上运动，边缘区域有一些当地的攀岩点，还有两个永久定向越野站点。黑峰约克郡边缘地势较低，主要为水库、树木繁茂的荒地、封闭的农田和大型定居点及较小村庄，该区域的生态体验项目主要集中在水库，提供各种水上运动、垂钓、散步等，同时，还有从水库到主路的游憩路径，为步行、骑马和骑自行车提供了可达性。白峰为石灰岩地质高原，这里有许多小村庄和分散的农场，还有以石墙为边界划分的牧场，该区域有许多小径供游憩者、骑马者使用，同时还有许多石灰岩攀岩场所和洞穴遗址。西南峰为砂岩地区，该地区包括一部分可进入区域和一系列分散的游憩休闲区，区域内有游憩步道、自行车车道穿过，有庄园景观，有受登山爱好者欢迎的岩石，有用于军事训练的大面积荒地。德温特谷在石灰岩高原和砂砾边缘之间，覆盖了德文特河下游河谷地区及其支流，该区域有公共交通连接，因此游客众多，区域内有许多休闲景点如查沃斯庄园等，有受欢迎的徒步和登山路径，还有与文化遗产有关的德文特河谷遗产之路。东部荒原包含荒野、坡地、沟壑及砂岩地区，该区域靠近谢菲尔德市，拥有众多热门的游憩中心，并且有步行道与自行车车道连接该区域与谢菲尔德市。德比郡峰边缘主要是封闭的农田和一些起伏的林地过渡景观，还有一些村庄和分散的农场，在该区域内访客较多选择多夫多拉河谷、蒂辛顿步道、利纳克尔水库等景点，其中，蒂辛顿步道贯穿该区域，且途中有自行车租赁中心（董禹等，2019）。

（五）法国拉瓦努瓦斯国家公园生态体验项目简介

拉瓦努瓦斯国家公园位于法国东部的阿尔卑斯山地区，在行政上属于萨瓦省管辖。该国家公园成立于1963年，是法国第一个国家公园，公园占地面积741公里^2，其中核心区面积533公里^2、加盟区面积208公里^2。拉瓦努瓦斯国家公园东部紧靠意大利的大帕拉迪索国家公园，两个国家公园于1978年7月8日合并，总面积为1 250公里^2，是西阿尔卑斯山最大的保护区之一。

拉瓦努瓦斯国家公园以山地为主，河流、湖泊、冰川、峡谷分布期间。公园以羱羊闻名，生活着众多珍稀的哺乳动物，同时还是重要植物和鸟类保护区。根据统计，园内共有1 800只羱羊、4 100只岩羚羊、125种鸟类及1 700种植物。在公园内，可以看到全法国仅在萨瓦和上萨瓦地区才能够找到的三趾啄木鸟、法国国家二级重点保护动物岩雷鸟、野生羚羊、胡子秃鹫及野生土拨鼠等。

骑马：骑马是探索国家公园的一种方式，拉瓦努瓦斯国家公园拥有众多可供骑马通过的小径。在骑马漫游期间，访客可穿过森林小径，穿越溪流，远眺峡谷和冰川，欣赏高山草甸和湖泊的秀美风景，享受回归自然之美，沿途中还可停留下来拍摄多样的野生动植物，观赏白雪覆盖的格兰德卡塞山的美景，探索园内保存完好的村庄、盐路、岩石雕刻、农业遗产、防御建筑等。

漂流：漂流是最受欢迎的水上运动之一，该运动只能在拉瓦努瓦斯国家公园的加盟区内开展，而核心区禁止开展此项运动。园内的特米尼翁至布拉曼斯开展了漂流运动，访客可在特米尼翁办理登船手续并获得救生衣等设备，之后专业导游将访客带领到河边进行安全指导，在随后的漂流行程中访客将看到6公里长的美丽的河段、河流两侧葱郁的植被，并体验Ⅱ级、Ⅲ级漂流，该行程用时约为2小时30分钟。

（六）澳大利亚卡卡杜国家公园生态体验项目简介

卡卡杜国家公园位于澳大利亚北领地首府达尔文市以东240公里处，占地面积约为2万公里^2，是澳大利亚面积最大的陆地国家公园。1979年，被批准建立为国家公园；1981年，被列入世界遗产名录，为世界自然与文化双重遗产；2010年，被列入世界重要湿地名录。卡卡杜国家公园是澳大利亚国家公园局直接管辖的第一个国家公园，也是澳大利亚第一个土著居民参与管理的国家公园。公园内受保护的自然资源包括4个主要的河流系统，即东鳄鱼河、西鳄鱼河、野人河、南鳄鱼河，以及河口和潮间带、冲积平原、湿地、乱石、外围山丘、盆地6个主要地貌区。

卡卡杜国家公园是澳大利亚北部生物多样性最丰富的国家公园之一，园内栖息着74种哺乳动物、117种爬行动物、57种淡水鱼、280多种鸟类、2 000多种植物等。其中，哺乳动物占澳大利亚陆生哺乳动物的1/5，鸟类占澳大利亚鸟类的1/3，58种植物具有重要保护价值，还有澳大利亚特有的大叶樱、柠檬桉和南洋杉等。除了丰富的自然资源，历史古迹也是卡卡杜国家公园独特的景观。6万多年来，一直有人类在这片土地上生活。公园内有3个考古区，其中有澳大利亚最早的人类居住遗址，遗址内有世界上最早的磨制石器，许多洞穴内有2万多年前的以赭石色为主的岩石壁画，这些遗址也为澳大利亚的考古学、艺术史学、人类史学提供了珍贵的研究资料。

参观岩画遗址： 卡卡杜国家公园拥有世界上最集中的岩画遗址，当前登记在册的就达5 000多处，其中较为知名的岩画遗址为诺尔兰吉岩和乌比尔岩。公园内的岩画有着明显的时间顺序，从岩画中可以看到卡卡杜的地质演变、自然生态变化和土著居民成长的历史过程。园内的一些岩画反映了土著人的生活内容和生产方式，还创作了很多用于训诫年轻人的故事；一些岩画描绘了当地的野生动物，如肺鱼、鲶鱼、鲻鱼、猪鼻鱼、环尾负鼠、乌龟、袋鼠、袋狼、澳洲鸵鸟等；另有一些岩画与原始图腾崇拜、宗教礼仪有关。在岩画中还有一些不为现代人所理解的抽象图形，有的人体岩画较为奇特，头常呈倒三角形，耳朵呈长方形，身躯及四肢细长，并且经常可以看到长有多个头、臂的人体图形。土著岩画的特色就是以独特的色彩、X线画法描绘人类和动物的骨骼形态。

游船观光：卡卡杜国家公园中心地带是一片令人惊叹的湿地，游船观光是访客近距离接触大自然的理想方式，游船途中，访客能够观赏到大量的珍稀野生动植物群。公园在两个地区提供游船观光活动，分别为古鲁扬比文化巡游和黄水潭巡游。古鲁扬比文化巡游是在卡卡杜风景秀丽的东鳄鱼河上开展的独特的游船之旅，在观光途中，土著导游会向访客介绍他们的文化、神话传说、河流内的食物链、众多动植物的传统用途及丛林生存技能，到达巡游目的地，导游会向访客展示他们传统的狩猎和采集工具。该行程仅限25位访客，以确保提供个性化的体验。黄水潭是公园最知名的湿地，位于南鳄鱼河支流吉姆溪的尽头，被公认为是澳大利亚野生动物自然栖息地的最佳选择地之一，黄水潭巡游会为访客带来极致的荒野体验，在游船途中，访客会观赏到栗树鸭、鹊雁、河口鳄鱼、水牛和60种鸟类，该产品中的日出和日落巡游广受访客的欢迎。

机动车观光：卡卡杜国家公园是澳大利亚北领地自然之路的一部分，园内的很多地方都能通车，访客可以自驾体验卡卡杜国家公园，公园通过阿纳姆高速公路与达尔文市相连，通过卡卡杜高速公路与松溪和凯瑟琳小镇相连。访客可从达尔文市出发，在4～7天穿越卡卡杜国家公园的旅程中，访客会途经峡谷、湿地、湖泊和瀑布，尽情享受这片弥漫着原住民文化气息的风景文化胜地。多家与国家公园进行合作的旅游公司为小团体访客提供个性化的定制长途旅行。

（七）新西兰峡湾国家公园生态体验项目简介

峡湾国家公园位于新西兰南岛西南部，毗邻塔斯曼海，占地面积超过1.2万公里^2，是新西兰面积最大的国家公园，也是世界上面积最大的国家公园之一。1952年，被批准设立为国家公园；1986年，被联合国教科文组织列入世界自然遗产名录；1990年，连同西部泰普提尼国家公园、库克山国家公园和阿斯帕林山国家公园被认定为联合国世界遗产保护地区。峡湾国家公园拥有数万年前冰川运动造就的峡湾、湖泊、瀑布、原始森林、岩石海岸、悬崖峭壁等独特的自然景观，被誉为“高山园林和海滨峡地之胜”。

峡湾国家公园内多峡湾，海岸呈锯齿形，包含了具有代表性的米尔福德峡湾、达斯奇峡湾和神奇峡湾。其中，米尔福德峡湾是公园的核心，也是新西兰国家公园中唯一能够陆路前往的峡湾，自然风景秀丽，有“世界第八大奇观”的美誉；达斯奇峡湾是公园面积最大、地形最复杂的峡湾；神奇峡湾是公园的第二大峡湾，以荒野和多样的野生动植物著称。峡湾国家公园内还有南岛最深的马纳普利湖和最大的蒂阿瑙湖。马纳普利湖是新西兰第二深的湖泊，最深处达 433 米，湖泊周围群山环绕、碧波闪闪、岛屿隐现，被誉为“新西兰最美丽的湖泊”；蒂阿瑙湖是新西兰第二大湖泊，湖泊主体呈南北走向，全长 65 公里，湖泊西部有北峡湾、中峡湾、南峡湾 3 个峡湾，是新西兰国内唯一的内陆峡湾。

徒步远足：徒步远足是峡湾国家公园内访客参与最多的生态体验项目，园内共计有长达 500 公里的 67 条步道供访客使用，每条步道都是一条观景线路，其中，最著名的 3 条徒步道为米尔福德、路特本和开普勒。沿着这些徒步道游览，可将公园内的冰川、峡谷、河流、湖泊、瀑布、原始森林等景观尽收眼底。米尔福德徒步道是新西兰最知名的步道，开设至今已有 150 多年的历史，享有“世界上最好的步道”的美誉。该步道沿克林顿谷和亚瑟谷蜿蜒前行，麦金农通道将两座山谷区隔开来。在徒步过程中，访客会观赏到纯净的湖泊、高耸的山峰和辽阔的山谷景观，同时还会体验到新西兰最高瀑布——萨瑟兰瀑布的清爽雾气。步道全长 53.5 公里，访客需要 5 天 4 晚才能完成行程，步道沿途有 3 个木屋和 3 家私营度假房屋可提供住宿，沿途可不露营。路特本步道是新西兰九大徒步路线之一，该步道全长 33 公里，虽然行程较短，但是却拥有摄人心魄的壮丽风景。步道将巍峨山峰、深邃峡谷、磅礴瀑布、高山湖泊及草甸串联起来，访客走完该步道大约需要 3 天，沿途还可在森林路段观赏多样的鸟类。该步道沿途设有 4 个木屋、2 个私人度假房屋和 2 个露营地，访客需提前预订才可入住。开普勒徒步道得名于开普勒山，这座山是为了纪念德国 17 世纪的天文学家开普勒。该步道为环形，全长 60 公里，是专为观光休闲打造的全景步道，访客需 3～4 天才能完成行程。在徒步行程中，访客会欣赏到绵延起伏的高山、飞流直下的瀑布、宽阔的冰蚀峡谷、布满苔藓的山毛榉树林、茫茫的高山草甸、植被丰茂的平原、多样的鸟类、千奇百怪的石灰岩构造等。步道沿途设有3个木屋和多个露营点，访客需提前预订。

空中观光：乘坐直升机、固定翼飞机、水上飞机观赏峡湾国家公园是广受访客欢迎的生态体验项目，在空中，访客会将海洋、峡湾、高山、湖泊、瀑布、森林、悬崖等尽收眼底，给人以美不胜收的感觉。公园内较为知名的空中观光项目为米尔福德峡湾直升机观光、神奇峡湾直升机观光、达斯奇峡湾直升机观光、米尔福德峡湾＋神奇峡湾直升机观光等。在米尔福德峡湾直升机观光途中，访客会欣赏到公园内的悬崖峭壁、神秘峡谷、茂密雨林、潺潺瀑布，会途经峡湾的标志性景点——米特峰，还能在高空中看到峡湾著名的徒步道；在神奇峡湾直升机观光途中，访客会从高空中观看到陡峭山峦、高山湖泊、牛羊牧场、原始森林及塔斯曼海与神奇峡湾交汇的壮观场景等；在达斯奇峡湾直升机观光途中，访客会观赏到布雷克西湾、峡谷及众多的岛屿；米尔福德峡湾＋神奇峡湾直升机观光将两个直升机观光的形成组合在一起，使访客能够一次性浏览国家公园一半以上的美景。

皮划艇运动：峡湾国家公园为喜欢户外运动、追求新奇冒险的访客提供了皮划艇运动。访客既可以选择独立乘坐皮划艇近距离接触山脉、瀑布、冰川及野生动物，又可以由当地导游带领开展此项目，以在观光途中了解该地区的历史及风土人情。园内多个区域支持该项目，公园的海上皮划艇享誉世界，米尔福德峡湾和神奇峡湾可为访客提供皮划艇一日游和过夜游，访客可尽情欣赏碧蓝色的海水、雄伟的瀑布，以及海豚、海豹、企鹅等野生动物；公园的多个湖泊也开展皮划艇运动如马纳普利湖、蒂阿瑙湖等，其中，马纳普利湖东侧拥有新西兰最好的皮划艇水道，沿途可观赏海湾、瀑布、沙滩等；在园内的上怀奥河和霍利福德河也可进行皮划艇运动，在观光途中，访客会穿过雪山、原始森林和农田等。

（八）日本知床国家公园生态体验项目简介

知床国家公园位于日本北海道知床半岛的最北端。“知床”在北海道原住民阿伊努人的语境中是“大地的尽头”之意，如今的知床半岛有着“日本最后秘境”的美誉，是日本现存最原始、最神秘的地方。2005年，知床半岛以“海洋和陆地相互作用结果的稀缺生态区”被联合国教科文组织列入世界自然遗产名录。

知床国家公园成立于1964年6月1日，位于日本北海道知床半岛的最北端，横跨斜里郡斜里町和目梨郡罗臼町，占地面积613.07公里^2，其中陆地面积389.54公里^2、海域面积223.53公里^2。公园内大部分地区为原始森林所覆盖，空气清新，环境优良，为棕熊、北海道狐狸、虎头海雕、白尾海雕、海豹等诸多野生动物提供了良好的栖息环境。此外，公园还以知床五湖、瀑布、知床岬等知床八景闻名世界，每年1—3月海岸两侧还会呈现流冰景观，吸引了来自世界各地的访客。

徒步远足：知床五湖是知床国家公园的中心景区，湖泊被知床山脉和原始森林所包围，五湖的四季美景与知床群峰一起倒映在湖中，似一幅光影斑斓的油画。知床五湖的5个湖泊原本没有命名，为方便访客参观，所以用“一湖”到“五湖”进行简单命名。知床五湖同时也是日本棕熊的栖息地，因此景区管理人员提醒访客要抱着“打扰到日本棕熊的家”的心态前往参观。游览知床五湖的最佳方式是徒步，景区内共有两条徒步路线：一条是高架木道，另一条是地面散步道。高架木道全长0.8公里，悬浮在大海和森林之间，站在高架木道的瞭望台上，越过湖面可看到罗臼岳等知床山脉全貌，黄昏还可欣赏到夕阳落入鄂霍次克海的壮美景观。地面散步道是林中小路，分为大循环线和小循环线，大循环线长3公里，小循环线长1.6公里。沿地面散步道进行徒步，访客在游览五湖和原始森林时能进一步感受大自然的气息，还能够看到多样的野生动植物。

瀑布观赏：知床还被称为瀑布王国。从知床自然中心沿步道步行约20分钟，便可抵达Furepe瀑布，从此处的观景台可眺望附近的悬崖峭壁和鄂霍次克海，在知床八景中，这是一处最能让访客轻松漫步于世界自然遗产中的热门景点。Furepe瀑布由知床山脉渗出的地下水形成，近乎垂直地从百米高的断崖直接落入鄂霍次克海，由于该瀑布水流量较少，散落的情景宛如少女扑簌滴落的眼泪，因此又称“少女的眼泪”。Oshinkoshin瀑布是知床半岛最大的瀑布，“Oshinkoshin”源自阿依努语，意为“鱼鳞云杉群生之地”。Oshinkoshin瀑布宽约30米，落差50米，因水流分叉，所以又被称为“双美瀑布”，瀑布从森林中奔腾而下，奔流至鄂霍次克海，有着一股“奔流到海不复回”的气势。从知床硫黄山顺势而下的Kamuiwakka河形成了Kamuiwakka温泉瀑布，访客既可在河中涉水前行，又可在瀑布下的深潭中沐浴，领略这极富野趣的天然温泉的魅力；位于Kamuiwakka河下游连接鄂霍次克海的地方还有一条Kamuiwakka瀑布，区别于Kamuiwakka温泉瀑布，该瀑布不能通过陆路抵达，只能乘游船从海上眺望。

游船观光：知床岬位于知床半岛最北端向鄂霍次克海突出的地方，自然景色优美，因被指定为知床国家公园特别保护区，严格控制道路和大型船只港口设施的建设，所以访客只可乘坐观光船从海上欣赏美景。乘船观光不仅能够观赏到瀑布、悬崖、罗臼岳、知床岬灯塔等美景，而且能够近距离观察海豚、鲸鱼等海洋生物。

浮冰漫步：冬季，这里是鄂霍次克海的流冰最先抵达的地区之一，有时流冰甚至会将附近的海面全部覆盖。浮冰漫步是冬季广受欢迎的项目，所谓“浮冰漫步”就是访客身着专用防水服装，随向导来到漂满浮冰的鄂霍次克海，在浮冰上行走，在此期间，还能够看到浮冰的裂缝。浮冰漫步可使访客体验到专属于知床的自然奥秘。

（九）日本富士箱根伊豆国家公园生态体验项目简介

富士箱根伊豆国家公园横跨日本关东地区的东京都、神奈川县、山梨县和静冈县。公园于1936年2月1日被指定为富士箱根国家公园；1955年3月15日公园范围扩展到伊豆半岛地区，并更名为富士箱根伊豆国家公园；1964年7月7日伊豆诸岛被划入公园范围，富士箱根伊豆国家公园的轮廓和范围最终定型。公园占地面积1 218.5公里^2，其中陆域面积1 217.49公里^2、海域面积1.01公里^2，是日本最大的国家公园之一。

富士箱根伊豆国家公园旅游资源十分丰富。富士山是日本的最高峰，也是日本的“三圣山”之一，其周边分布着因火山喷发而形成的5个湖泊即富士五湖和日本最大的熔岩原始森林——青木原树海，2013年6月22日富士山被联合国教科文组织列入世界文化遗产名录。40万年前火山活动平息后，在箱根地域形成了秀丽的山川、流泉、湖泊等自然景观，箱根地热资源丰富，是日本著名的温泉之乡和疗养胜地。在伊豆半岛地域，国家公园沿着滨海公路延展，呈狭长蜿蜒的带状特征，由于可沿环岛公路欣赏风景，这一地域也被称为“道路公园”。伊豆诸岛由十几个岛屿组成，这些岛屿都各有其特色，大岛以三元山闻名，新岛以众多的海滩闻名，小岛以白色的沙滩闻名，八丈岛以亚热带风光和保存完好的独特文化闻名，三宅岛以 2001 年火山喷发闻名，梗岛以海中温泉闻名，等等。

富士箱根伊豆国家公园是日本旅游业最发达的国家公园，公园建有许多类型丰富、功能完备的旅游接待设施。其中，餐饮设施主要有各类餐馆、快餐、咖啡等，住宿设施有酒店、宾馆、旅馆、胶囊旅馆、民俗、营地等，购物设施有旅游纪念品店、百货店、商场、超市、药店、免税店、便利店、书店等，休闲娱乐设施有高尔夫球场、美术馆、索道、牧场、公园、卡拉 OK 等，咨询服务设施有旅游问询处、民宿问询处、行李寄存处等。虽然国家公园鼓励发展旅游业，但旅游接待设施建设需要受规划管制，以与环境和谐。一方面，旅游接待设施主要分布在当地居民比较集中的地域；另一方面，旅游接待设施的体量严格受限，建设前要经过公园管理事务所的批准，建设过程中还要接受严格的监管。

富士箱根伊豆国家公园的生态体验项目开发具有两个特点：一是因地制宜，突出特色。在富士山地域，主打生态体验项目，以登山、徒步、观光、滑雪、舟游等为主；箱根地域的温泉总数及总涌出量和温泉使用者数在日本排名第一，泡温泉是箱根地域的主打生态体验项目；伊豆半岛地域沿海岸线延伸，被称为“道路公园”，两侧风景优美，主打的生态体验项目为滨海自驾观光；伊豆诸岛地域由众多火山岛组成，主打海水浴、潜水、冲浪、海豚观赏等海洋休闲项目。二是多方参与，类型多样。在富士山地域，国家公园管理机构与当地居民、非政府组织、外来投资者、地方政府部门等多种力量共同开发了丰富多样的生态体验项目，一是休闲型，包括舟游、自驾、垂钓、露营、徒步等；二是娱乐型，包括水上飞行、滑翔伞、越野、滑草、赛格威、水上飞人、滑水、帆板、香蕉船、皮艇、卡拉 OK 等；三是探险型，如树海洞穴探险和鼯鼠洞穴观察；四是运动型，主要有高尔夫、滑雪等；五是自然教育型，包括亲子生态解说、森林导游步行及其他自然教育项目；六是体验型，包括自然手工艺品制作体验、接触动物体验、果蔬收获体验、拉马体验、山羊散步体验、奶油奶酪制作体验、陶艺体验等；七是节庆型，如富士山樱花节、烟花大会、马拉松大会、富士红叶节、冰雕节等（彭建，桂美华，2020）。

（十）韩国智异山国家公园生态体验项目简介

智异山国家公园位于韩国南部，横跨三道五市郡，即庆尚南道的河东郡、咸阳郡、山清郡，全罗南道的求礼郡及全罗北道的南原市，1967 年 12 月 29 日被指定为韩国第一个国家公园。公园占地面积 483.022 公里^2，是韩国面积最大的山岳型国家公园。2007 年，该国家公园在世界自然保护联盟框架下发生类型变更，由Ⅴ类景观保护区变为Ⅱ类国家公园，保护目标由景观保护上升为生态系统保护。

智异山国家公园以山地为主，十余座山峰连亘而成，最高峰天王峰海拔 1 915米。其间溪谷密布、植被多样，从温带林到中温带林、寒带林均有分布；生物多样性丰富，栖息着 4 989 种野生动植物，包括天然纪念物华严寺垂彼岸樱、卧云千年松及华南兔长白山亚种、狍、河麂、山狸等，其中旗舰物种为月亮黑熊。智异山是古时韩国道士修行之处，自古代新罗时期就同金刚山、汉拿山并称“三神山”，它是现代韩国人民重要的精神寄托，也是备受韩国民众崇尚的灵山。园内社会经济较为发达，社区居民以从事生态农业及生态旅游业为主。

登山：智异山是一片辽阔的山地，诸多登山口和 16 条登山路线吸引了韩国各地乃至世界各地游客的到访。溪谷路线为公园内的初级登山线路，智异山中有许多类似稗牙谷、蛇谷的溪谷，以枫叶闻名，因此有部分访客专为溪谷与枫叶而来。九龙溪谷是公园内具有代表性的溪谷登山路线，该路线全长 3.1 公里，在登山过程中，可观赏到玉龙丘、鹤西岩、九龙瀑布等自然景观。在九龙溪谷路段，2.2 公里为平坦的路程，0.9 公里为有坡度与落石危险的路程，因此为确保访客的安全，设置了较多的木板和铁甲板。登顶路线为中级登山线路，其中白武洞路线是公园最为经典的登顶路线，该路线全长 7.5 公里，耗时 5.5 小时，包括白武洞、马当岩、河东岩、真泉、苏志峰、芒岩、张特木、齐石峰、天王峰等节点，其中路线中的白武洞至苏志峰区间为石阶探路，具有一定的坡度，长为 3 公里，用时 2 小时；苏志峰至张特木区间的游览路线沿着石阶、木阶、土路、石路移动，长为 2.8 公里，用时 1.5 小时；

张特木至天王峰路段长 1.7 公里，用时 2 小时，沿途自然景观优美。成三山口-中山里路线为公园的高级登山线路，该路线全长 25.5 公里，耗时 24.5 小时，是韩国最长的登山路线。沿此登山路线登山，可感受智异山的雄伟壮丽。时间充裕的登山者多会用 3 天 2 夜的时间完成旅途，从成三山口前往老姑坛，在天王峰登顶后，再沿中山里下山，第一天可留宿在壁霄岭或烟霞泉，第二天留宿在集项，第三天清晨从集项出发，抵达天王峰，欣赏日出景观后下山。

参加主题节会：智异山的蛇曲谷会在每年 10 月中旬举办红叶节，在红叶节期间，会举行各种丰富多彩的活动，包括红叶祭礼、山神祭、登山比赛、向山神祈祷及叙事史诗吟唱体验等；南冥先生文化节于每年 8 月举办，该节日是为纪念朝鲜王朝时期实践儒学大家曹植（字南冥）先生的生平和精神，文化节期间会举办史诗剧演出、民防队启动仪式、座谈会、学术会议、书生文化体验等多种活动；智异山和山清郡是韩国传统医学的发源地，这里不仅出产优质药材，还造就了柳义泰、徐浚等一批著名的医生，每年 5 月初此地会举办山清韩方药草节，以纪念这些伟大医生的成就，并在全球推广韩国传统医学的成就，节庆期间访客可接触到各种与韩方药草相关的体验和展览活动，如在药材销售市场购买药草、参观山清韩医学博物馆、体验煎药、切割药材、诊疗等活动、参加药草形象写生比赛、参观智异山自生药草摄影展和山清郡工艺协会作品展、参与庆尚南道韩医师研讨会和韩方发酵食品研讨会等。

（十一）南非克鲁格国家公园生态体验项目简介

克鲁格国家公园始建于 1898 年，由时任布尔共和国最后一任总督保尔·克鲁格所创立。为阻止当时日趋严重的偷猎现象，保护萨贝尔河沿岸的野生动物，保尔·克鲁格宣布将该地区划为塞比野生动物保护区。1926 年，南非共和国颁布了《国家公园法》，南非正式设立克鲁格国家公园作为国内第一个国家公园。公园位于南非东北部的林波波省和姆普马兰加省，并与津巴布韦和莫桑比克交界，占地面积约为 19 633 公里^2，是南非最大的野生动物保护区，也是世界上自然环境保护最好、动物品种最多的野生动物保护区，园内生物多样性丰富，共有 147 种哺乳动物、114 种爬行动物、33 种两栖动物、

517 种鸟类、50 种鱼类和 336 种植物，主要的野生动物有狮子、花豹、大象、犀牛和非洲水牛等。

南非环境事务部于 2018 年 12 月 5 日批准了《克鲁格国家公园管理计划》，该计划为期 10 年，由南非国家公园局制定。该计划指出，克鲁格国家公园的使命是保育、保护和管理生物多样性、荒野和文化资源，并提供多样且负责任的访客体验，提高社会、生态和经济效益及人类福祉，同时加强对独特地区景观的支持和保护。

野生动物观赏：克鲁格国家公园在动物保育、生态旅游、环境保护等方面均处于世界领先地位，被誉为世界上最大的野生动物乐园，每年 5—9 月的旱季是入园观赏野生动物的最佳时间。在公园内观赏野生动物最好的方式是乘坐用皮卡车改装成的观光敞篷车，车辆根据观光需要设计，越野性能较好，观察视野开阔，司机经验丰富，并可协助访客寻找动物。另外，公园内道路纵横交错，既有宽阔的主干道供车辆行驶，又有伸向丛林的众多支线供探险者享用，公园内没有围墙和铁丝网，异兽珍禽在此自由穿行。在园内，访客能够观赏到成群结队的黑斑羚、草丛中追逐戏耍的羚羊、马路上行走的狒狒、趴在树上的猴子、空中盘旋的秃鹫、悠闲散步的斑马、自由漫步的非洲水牛、酣睡的母狮、泥淖中降温的犀牛、觅食的长颈鹿、河中戏水的象群，以及激烈的狮子、水牛、鳄鱼大战等。

“在克鲁格国家公园，人类是受欢迎的，但野生动物主宰了这里，而非访客”，这说明访客观赏野生动物时必须遵守相应的规则。例如，在进入公园前安保人员要对每辆车进行检查，防止有人将枪支带入猎杀动物；安全提示将潜在危险和注意事项全面地告诉访客，“严禁”“必须”是最常见的词汇；访客可自驾游，但必须在规定的道路上行驶，在特定的下车区域活动，同时驾车需要慢速行驶，园内不同路段有醒目的限速标识，从 20～50 公里/时不等，但公园推荐 20～30 公里/时的车速；不同野生动物的安全距离不尽相同，公园还告诫访客，不要靠近水牛、狮子等动物；喂食也被明令禁止，因为这会让野生动物失去对人类的畏惧感，从而导致伤害事件；此外，动物在园区道路上有优先通过的权利，车辆需要关闭发动机等待，园区也不建议访客大音量播放音乐和使用手机铃声。

（十二）巴西潘塔纳尔马托格罗索国家公园生态体验项目简介

潘塔纳尔马托格罗索国家公园（以下简称潘塔纳尔国家公园）位于巴西马托格罗索州和南马托格罗索州，大部分分布于南马托格罗索州，占地面积1350公里^2，1981年被指定为国家公园，1993年被列入国际重要湿地名录。公园的命名是自然盆地（潘塔纳尔盆地）和行政名称的结合，这座国家公园也是潘塔纳尔湿地的部分区域，潘塔纳尔湿地是世界上最大的淡水湿地生态系统，总面积达24.2万公里^2，横跨巴西、玻利维亚和巴拉圭3个国家，2000年被联合国教科文组织认定为世界生态圈保护区和世界自然遗产。

潘塔纳尔是一个热带干湿两季交替的地区，湿地中遍布着蜿蜒曲折的河流，季节性泛滥的洪水会淹没大片平坦地区，形成大大小小的池塘和沼泽，在滋养土壤和植被的同时，也限制了人类在这一区域的活动范围，为野生动物的繁衍生息创造了理想环境。正因如此，潘塔纳尔成为全球生物多样性最为丰富的生态系统之一。据统计，这里生长着3500种植物，栖息着690种鸟类、325种鱼类、236种哺乳动物、53种两栖动物、98种爬行动物和9 000个亚种的无脊椎动物，其中美洲虎、虎猫、鬃狼、丛林狗、南美貘、沼泽鹿、巨型食蚁兽、巨型犰狳、巨型水獭等是湿地中受保护的野生动物。同时，潘塔纳尔是世界上鳄鱼最集中的地区，也是地球上最大的美洲虎栖息地之一，国家公园里的美洲虎数量是整个潘塔纳尔地区最多的。

野生动物观赏与摄影：潘塔纳尔国家公园是在巴西进行摄影之旅和观赏野生动物的最佳目的地，每年旱季尤其是8—9月份的旱季末是入园观赏野生动物的最佳时间，因为此时众多的野生动物会聚集在相对较少的水源区域。在公园内，拍摄观赏野生动物主要有两种方式，即驱车和乘船游览。访客可乘坐公园提供的车辆，沿着著名的野生动物之路——Transpantaneira公路由北向南深入国家公园内部，公路两侧遍布沼泽湿地，数量众多的凯门鳄聚集在水塘中或河岸边，同样集群出现的还有南美洲的特有物种——水豚，是世界上体型最大的啮齿动物，它们或集体出动啃食嫩草，或在溪流湖泊中潜水。但对大多数访客来说，探寻园内美洲虎的踪迹才是真正的乐趣，美洲虎也称美洲豹，其实它既不是虎也不是豹，而是生活在美洲的一种食肉动物，是西半球最大、全世界体型第三大的猫科动物，生性凶猛，行踪诡秘，常栖息在人迹罕至之地，因此很难被发现。访客可乘船沿着库亚巴河和皮基里河寻找美洲虎的踪迹，一早一晚是美洲虎比较活跃的时间，因此有机会看到它们在河边饮水、觅食等行为，运气好的话甚至有机会观赏拍摄到美洲虎打斗、猎杀等刺激的场景。

三、三江源国家公园生态体验项目现状

2017 年 9 月 26 日，中共中央办公厅、国务院办公厅印发的《建立国家公园体制总体方案》明确了国家公园是我国自然保护地最重要的类型之一，将国家公园定义为：由国家批准设立并主导管理，以保护具有国家代表性的大面积自然生态系统为主要目的，兼有科研、教育、游憩等功能，实现自然资源科学保护和合理利用的特定陆地或海洋区域。由于我国的国家公园建设才刚刚起步，国家公园试点区的游憩功能还尚未完善，但在国家公园试点建设的过程中，三江源国家公园在开展生态体验项目方面做了有益的尝试，取得了较好的效果；本书在此对三江源国家公园进行了简要的梳理与总结。

2015 年 12 月，国家发展和改革委员会报请中央全面深化改革领导小组第十九次会议审议通过了《三江源国家公园体制试点方案》。2016 年 3 月，中共中央办公厅、国务院办公厅印发《三江源国家公园体制试点方案》，全面启动三江源国家公园体制试点工作。三江源国家公园位于青海南部，地处地球“第三极”青藏高原的腹地，平均海拔 4 000 米以上，有复杂多样的地形地貌和世界上独一无二的高原湿地生态系统，是中国乃至亚洲的重要水源涵养地，也是国家重要的生态安全屏障。国家公园总体格局为“一园三区”，包括澜沧江源、长江源、黄河源 3 个园区，总面积 12.31 万公里^2，这里生物多样性集中，保留着最原真的生境和最完整的生态系统，有野生维管束植物 2 238 种、国家重点保护野生动物 69 种，藏羚羊、雪豹、白唇鹿、野牦牛等特有珍稀保护物种比例高，素有“高寒生物自然种质资源库”之称，主要景点包括青海可可西里国家级自然保护区，三江源国家级自然保护区的扎陵湖、鄂陵湖、星星海等地，各园区主要生态体验项目如表 3-22 所示。

2017 年以来，三江源国家公园澜沧江源园区昂赛乡开展了雪豹观察特许经营项目，访客参与此项目需提前在“大猫谷”网站上预约，园区将每个自

然体验团控制在3～4人，并提前规划好访客观察体验的路线，保证项目的开展对生态环境的影响达到最低。周边的昂赛乡年都村有22户牧民家庭被选拔确定为接待家庭，这些牧民家庭经过政府培训后，为体验者提供食宿，并担任司机和向导，生态体验项目带来的收益45%属于接待家庭、45%属于村集体收益、10%用于野生动物保护基金。除了雪豹观察生态体验项目，另一个特许经营项目——河流体验漂流项目能让访客在高原漂流中感受三江源国家公园的荒野之美、震撼之美。2017年，在当地政府的帮助和“漂流中国”的技术支持下，牧民扎西然丁成立了澜沧江源漂流有限公司，培养了10名当地牧民船员，并完全按照美国科罗拉多大峡谷国家公园的漂流规则、技术标准、装备标准、安全标准、环保标准来开展河流体验漂流项目。截至2021年6月，漂流中国和澜沧江源漂流有限公司联合开展30余次漂流活动，让更多的国内外访客体验了中国国家公园自然生态漂流活动。2020年，举办了首届中学生漂流夏令营活动，让当地青少年进一步知生态、懂生态、爱生态、护生态，从小凝聚起爱我母亲河、保护大自然的思想共识①。杂多县昂赛乡2017年成为三江源国家公园内第一个开展生态体验特许经营活动的试点。雪豹寻踪、观鸟之旅、徒步探秘、牧民生活体验、幽谷观星五种生态体验行程，截至2020年12月让昂赛乡收获逾136万元的总收益。

长江源园区虽然地广人稀，却具有悠久的历史沿革，唐蕃古道经由此地，第十世班禅由此进藏，自古以来就是青、川、藏三地的重要贸易集散地和交通枢纽，是康巴藏人的文化贸易中心。园区具有世界上最大、最高、最年轻、最完整的高原夷平面及最密集的“冰川-河流-湖泊”高原景观，为藏羚羊、野牦牛、藏野驴、棕熊等众多青藏高原特有大型哺乳动物提供了重要栖息地和迁徙通道，园区水域还分布着长江裸鲤、长丝裂腹鱼、裸腹叶须鱼等保护鱼类，生物多样性丰富，是名副其实的“野生动物天堂”，同时广袤的长江源区还孕育传承了博大精深的昆仑文化和悠久灿烂的藏传佛教文化。在保持自然生态系统原始性的前提下，依托园区现有的山水自然脉络和可可西里自然遗产地，突出以点为主，以线为辅，点、线结合的体验观光模式，点主要展示长江源头自然生态风光、藏族文化和昆仑文化等；线主要提供野生动物寻觅

① 资料来源：https：//m.thepaper.cn/baijiahao_13820167。

观览、自然景观观览、探险考察、高原体验等生态体验项目，以冰川雪山、河湖湿地、荒野景观及青藏公路两侧藏羚羊、野牦牛等明星野生动物的栖息地和迁徙通道为依托，打造“野生动物天堂”生态展示平台，搭建长江源科考探险廊道[①]。

三江源国家公园内的特许经营项目试点“黄河寻源计划”是目前黄河源园区最具特色的生态体验项目，“黄河寻源计划”在2021年五一假期迎来了12名生态体验访客，这是三江源国家公园自2016年正式实施生态体验特许经营机制以来首批获批入园的访客。在进入三江源国家公园黄河源园区之前，每一位访客必须通过国家公园访客测试、行前教育等知识和体能考验，并签署有关生态体验访客的行为规范。参与体验“黄河寻源计划”，访客们可以感受到“中华水塔”丰富的生物多样性，领略高原特色民族文化，而国家公园保护的生态理念则贯穿于整个行程的始末。访客们不仅是观众、听众、体验者，也是国家公园生态旅游业态的缔造者，他们将通过与国家公园内牧民、社区的深度互动，相互学习和影响，对未来国家公园生态体验项目的开展方式进行探索和实验。黄河源园区有让人震撼的高原湖泊，访客可以在科学领队的带领下，在野生环境中徒步，在合适的距离观察野生动植物，体验最原真的黄河源头；黄河源是中国野生兽类能见度最高的区域、国际重要湿地和候鸟迁徙补给站，科学领队会全程为访客生动讲解生态知识，以车行的方式观察高原上的动物如藏原羚、藏野驴、岩羊等，访客还可以在雪豹、棕熊、狼等肉食动物经过的区域亲手放置红外相机，定点观察斑头雁、赤麻鸭、黑颈鹤等；在夏季，访客还可体验传统藏式帐篷和野奢藏餐，由牧民司机带领游览和介绍他们生活的三江源，感受神山圣湖文化对野生动物的庇护，“黄河寻源计划”中体验型生态体验项目众多，还包括体验藏式煨桑仪式、体验敬酒仪式、体验取水仪式等；访客还可以深入国家公园管护站跟着巡护员体验国家公园的日常保护工作[②]。三江源国家公园在建设过程中实施了“一户一岗”政策，鼓励引导周边居民、畜牧合作社等积极参与第三方企业的特许经营活动，实现了国家公园生态环境保护与居民生计的双赢。

① 资料来源：http：//sjy. qinghai. gov. cn/detail/article/2/219/。

② 资料来源：http：//sjy. qinghai. gov. cn/detail/article/2/219/。

表 3-22　三江源国家公园生态体验项目

园区名称	生态体验项目
澜沧江源园区	雪豹观察、漂流、观鸟、观星、徒步、牧民生活体验
长江源园区	观光、藏族文化体验、昆仑文化体验、野生动物观赏、探险考察、高原体验
黄河源园区	徒步、野生动植物观赏、藏族文化体验、国家公园日常保护工作体验

四、经验及启示

国外国家公园生态体验项目发展较为成熟，各国国家公园均依据自身的资源禀赋设计并提供了具有独特风格和形式的生态体验项目，这些国家公园的生态体验项目类别不仅包括基础的观光体验，还涵盖了休闲体验、户外运动体验、动植物观赏体验、历史文化体验和科普考察等多种类别，成为各个国家公园的亮点所在。例如，美国的卡尔斯巴德洞穴国家公园利用独特的蝙蝠生物资源打造了领养蝙蝠的生态体验项目；泰国的考艾国家公园利用园区内的野生亚洲象，为访客量身打造了大象之旅的生态体验项目。总体来说，国外国家公园生态体验项目类别较为丰富，注重体验型生态体验项目的设计和开发，访客对大自然的大部分需求及个性化需求都能在参与这些生态体验项目后获得满足。

相较于国外，国内国家公园的发展重心暂时处于对生态环境的监测和保护上，游憩发展尚未成熟，生态体验项目还停留在观光层面，户外运动体验和科普考察类的生态体验项目较少，体验型生态体验项目稀缺，生态体验项目内涵单薄，但已有一些国家公园进行了前瞻性的尝试。未来我国国家公园生态体验项目的设计需借鉴国外国家公园成熟的生态体验项目开发经验，加强生态体验项目的趣味性、体验性和可参与性，丰富生态体验项目的类别，充分挖掘自身资源禀赋，设计出具有中国国家公园特色的标志性生态体验项目，为我国国家公园的健康发展注入新鲜血液和不竭动力。

下篇：

普达措实践

第四章　普达措国家公园基本情况

一、普达措国家公园建设历程

1996年，云南借鉴国外经验，率先在全国开展国家公园探索，在美国大自然保护协会的推动下开始规划建设普达措国家公园。通过10多年的探索与实践，2007年6月21日，普达措国家公园揭牌，开始正式运营。

2008年，云南被国家林业局确定为全国唯一的“国家公园建设试点省”。

2010年11月，云南省人民政府批准实施《云南香格里拉普达措国家公园总体规划》。

2014年1月，《香格里拉普达措国家公园保护管理条例》正式实施，出台了首批国家公园管理政策和技术标准，初步建立了国家公园管理体系，特别是在一园一法、共建共享、制度建设、促进少数民族地方经济社会发展等方面积累了宝贵经验，30余个省份曾多次到普达措考察交流，云南对于国家公园的深入实践，为构建中国特色国家公园体制做出了积极探索。

2015年，国家发展和改革委员会等13部委联合下发了《关于印发建立国家公园体制试点方案的通知》（发改社会〔2015〕171号），决定在全国9个省份开展国家公园体制试点改革工作，云南省人民政府便将普达措国家公园列为云南省唯一国家公园体制试点改革区，制定出台中国大陆首个国家公园地方性法规《云南省国家公园管理条例》，条例明确将普达措国家公园划分为严格保护区、生态保育区、游憩展示区和传统利用区，其中任何单位和个人将禁止进入严格保护区，同时建立巡护体系，对资源、环境和干扰活动进行观察、记录，制止破坏资源、环境的行为。

2016年以来，云南省成立了由常务副省长任组长、分管副省长任副组长、13个部门（单位）负责人组成的云南省国家公园体制试点工作领导小组，统筹推进体制试点工作，印发《普达措国家公园体制试点工作重点任务分解方案》，明确理顺管理体制等12项重点任务和完成时限，并具体分解落实到责任部门。

2018年5月，普达措国家公园体制试点启动尼汝片区保护利用基础设施建设项目；同年8月，迪庆藏族自治州人民政府举行了香格里拉普达措国家公园管理局、碧塔海省级自然保护区管护局揭牌挂牌仪式，标志着原普达措国家公园管理局与原碧塔海省级自然保护区管理所完成归并整合，新的普达措国家公园管理局正式成立。

2019年9月20日，云南省人民政府办公厅印发《关于贯彻落实建立国家公园体制总体方案的实施意见》，对加快推进普达措国家公园体制试点做出总体安排。

2020年2月，云南省委机构编制委员会办公室正式批复普达措国家公园管理局划归云南省林草局垂直管理，明确了云南省林草局对国家公园范围内各类自然保护地、自然资源统一管理、综合执法等多项职责；同年6月24日，云南省委办公厅、省政府办公厅印发《关于建立以国家公园为主体的自然保护地体系的实施意见》，明确将完成普达措国家公园体制试点工作列为全省自然保护地体系建设的首要任务。

二、普达措国家公园游憩发展历程

1990年，迪庆的发展主要依靠木头经济，天然林采伐收入占财政收入比重一度高达80%。现位于普达措国家公园内的洛茸村那时与其他藏族村庄一样，村民以砍树卖木材、打猎售野味为生。在1998年迪庆宣布禁伐天然林后，派遣林业干部和护林人员来洛茸村宣传生态保护，当地村民并不理解，认为政策影响了他们的生计。1999年，随着碧塔海、属都湖两个景点成为旅游胜地，游客数量激增，村民看到了旅游带来的商机，一些村民自发组织“牵马游”的项目，每年累计2 800多匹马通过山间便道穿越生态系统脆弱的地带到达碧塔海和属都湖区域，牲畜粪便直接排入湖泊，村民还在草甸上兜售食品、烧烤。游客的涌入、马匹的践踏及各类垃圾的增加，对地表、植被、湖泊产生了严重的污染和破坏。2007年6月21日，碧塔海与属都湖景区经过重新规划，加上弥里塘和洛茸村两个景区，正式整合成为普达措国家公园对外开放，在国家公园的建设过程中，国家公园周边居民不再允许在碧塔海湿地养马，牵马游、烧烤等破坏环境的经营活动被管理方引导逐步退出国家公园经营，以环保车辆、栈道徒步代替马匹的交通方式防止了马匹对高山草甸的践踏和湖水的污染，曾经是骑马、烧烤聚集区的高山草甸，如今空气质量保持一级，生态系统健康稳定。2007 年，普达措国家公园的游客总量达到 56 万人，全年公园环保观光车的营运收入超过 4 000 万元。2012 年 11 月，普达措国家公园被国家旅游局授予“国家 AAAAA 级景区”称号，成为云南第 6 个 AAAAA 级国家旅游景区，门票从 190 元上升至 258 元，游客量依旧持续增长。

2015 年，普达措国家公园将整个区域划分为严格保护区、生态保育区、游憩展示区、传统利用区，以开发利用不到 5%的面积，实现了对整个区域 95%的保护，公园在严格保护区内不做任何开发，主要将保护区周边的土地纳入国家公园范围作为游憩展示区，日均可接待游客 3 000 余人。

2016 年以来，普达措国家公园体制试点区利用中央预算内保护利用基础设施建设项目和湿地保护与恢复资金，新建巡护步道及生态栈道、管理站、观景点、休息点、标识标牌，实施封山育林和植被恢复，建设了资源监控平台，完善了界桩界碑、安防监控、森防监控、污水处理等设施；筹集资金 2 400万元，完成了建筑面积为 1 500 米^{2}的普达措国家公园科普教育展示厅建设，每年接受生态教育的访客达 30 万人次。普达措国家公园通过开展自然教育，实现了为公众提供亲近自然、体验自然、了解自然及作为国民福利的游憩机会。2019 年，普达措国家公园完成《普达措国家公园总体规划》的修编，将公园原来的分区重新划分为核心保护区与一般控制区，将生态体验项目限制在一般控制区内开展。

普达措国家公园 2010—2019 年的旅游接待人次和旅游收入如表 4-1 所示，2017 年普达措国家公园受云南省旅游市场秩序整治的影响，2018 年受碧塔海片区关闭的影响，访客接待量均出现不同程度的下降。总体来说，普达措国家公园从 2007 年正式营业至今，游憩发展趋势较好，取得了一定的环境、经济、社会效益，社区居民切身感受到了国家公园建设带来的实惠，主动放弃资源依赖型的生产生活方式，积极参与到国家公园的建设中。

表 4-1　普达措国家公园旅游人次和旅游收入

年份	2010	2011	2012	2013	2014	2015	2016	2017	2018	2019
旅游人次（万人）	68.98	95.34	109.67	125	108.7	134.3	137	114	110	137
旅游收入（万元）	12 522	17 819	20 263	31 000	22 690	31 400	31 700	23 200	14 400	14 900

数据来源：普达措国家公园管理局。

三、普达措国家公园资源情况

（一）自然条件

1. 地质

普达措国家公园在大地构造分区位置上位于扬子准地台与松潘-甘孜褶皱系两个Ⅰ级大地构造单元的结合部位，分界线是楚波断裂，构造背景甚为复杂。楚波断裂以南为扬子准地台西部的Ⅱ级构造单元盐源-丽江台缘凹陷，所属Ⅲ级构造单元为白莲果-百花山台凹，所占国家公园总面积较小。楚波断裂的西北、北部和东北部为松潘-甘孜褶皱系东南部的Ⅱ级构造单元中甸褶皱带，所属Ⅲ级构造单元为中甸褶皱带，所占面积较大。两个构造单元内，沉积建造、构造变动、岩浆活动、变质作用等内部差异大。

国家公园内地质构造复杂，断裂众多，成因类型多样，规模大多较小，褶皱较多，其走向以北西向为主，其次为北东及近南北向。褶皱规模较小，以短轴背斜、向斜为主。国家公园内出露的地层以上古生界的二叠系和中生界的三叠系为主，其次是小面积的新生界第四系。二叠系和三叠系分布广泛，出露齐全，各统均有沉积，岩性复杂。

2. 地貌

普达措国家公园在云南地貌区划中，位于横断山脉高山峡谷区的北段，系青藏高原东南边缘迪庆高原的一部分，亚洲地势第一阶梯（青藏高原）向第二阶梯（云南高原）过渡的陡降坡度带上，横断山纵向岭谷区中段。国家公园内地质构造复杂，石灰岩出露地区在高山流水溶蚀、侵蚀及冻融的作用下，形成了较大面积的高山岩溶地貌。主要地貌类型有高原面、山地、河谷、盆地（坝子）、冰川和冻土地貌、岩溶地貌、构造地貌等7种地貌类型及其组合特征。

3. 气候

普达措国家公园位于青藏高原东南边缘，地势高，加之主要受南亚季风环流影响控制，形成了独特的高原季风气候。从云南省气候区划来看，普达措国家公园基带气候类型属高原寒温带季风性湿润气候，其主要特点为：气压低、太阳辐射强；气温低、年较差小、日较差大；干湿季分明、季节差异大；霜期、降雪期和积雪期长；气候垂直分异明显。

4. 土壤

国家公园内成土的母岩母质类型多样，地势起伏大，水热条件垂直分异明显，有暖温带、中温带、寒温带、亚寒带等高原、高山气候类型，植被有暖温性针叶林、温凉性针叶林、寒温性针叶林、亚高山草甸、灌丛草甸、高寒流石滩等。在上述自然生态环境条件的长期综合作用下，公园内共发育分布有淋溶土、高山土、水成土、初育土4个土纲，黄棕壤、棕壤、暗棕壤、棕色针叶林土、亚高山草甸土、高山寒漠土、沼泽土、石灰土8个土类。从海拔2 347米的洛吉河河谷升高到4 670米的高山地区，土壤垂直分布规律十分明显，由黄棕壤（2 347～2 390米）→棕壤（2 390～3 200米）→暗棕壤（3 200～3 700米）→棕色针叶林土（3 400～4 000米）→亚高山草甸土（3 700～4 500米）。沼泽化草甸和沼泽地区发育为沼泽土；海拔4 500～4 670米高山地区，植被为流石滩植被，土壤为高山寒漠土。

5. 水文

普达措国家公园内的所有河流湖泊均属于金沙江水系，分属于金沙江的两大一级支流，即尼汝河和属都岗河。受区域气候的深刻影响，国家公园内的河流均具有典型的山区季风性河流的特点：①流量季节变化大，洪枯季节显著；②河床比较大，水流湍急，下蚀快，切割深，并伴有强烈的溯源侵蚀；③河谷狭窄，沿程多急流、跌水和瀑布，水能蕴藏量丰富；④补给主要以降水补给为主，其次为季节性冰雪融水和地下水；⑤冬季上游河段有结冰现象，水土流失不强，河流含沙量少，河水清澈。

普达措国家公园内大小湖泊有几十个，均属第四纪古冰川作用形成的湖泊，少数还受到了断裂构造和溶蚀作用的影响，属于多成因湖泊，如碧塔海和属都湖等，其水位均在海拔 3 500 米以上，湖水均可外泄最终汇入金沙江，都属于高山高原类型外流湖。这些湖泊均保持原始天然状态，水体清澈，水质量好，湖周大多被高山环绕，为原始森林所覆盖，湖滨都发育有面积不等的沼泽、亚高山沼泽化草甸和亚高山草甸。

湖泊是国家公园内高山高原湿地中最重要的组成部分，其中面积较大的湖泊有碧塔海、属都湖（图 4-1）、丁浪湖、纳波湖、色列湖等，小湖泊众多，代表性的有尼汝村北部的那挨农安曲、虫多岗曲、及和曲那、刚赞曲、那觉楚、朗曲、公惹、力素黄黄曲等。

图 4-1　属都湖

资料来源：普达措国家公园总体规划。

（二）自然资源

1. 土地资源

公园总面积为 620.1 公里^2，其中，林地面积 530.090 7 公里^2；草地面积 49.962 4 公里^2；水域及水利设施用地面积 5.854 1 公里^2，包括湖泊、河流和沼泽；耕地面积 1.896 3 公里^2，均为旱地；园地 0.104 3 公里^2；交通运输用地 1.116 8 公里^2，均为公路用地；住宅用地 0.152 3 公里^2，均为农村宅基地；工矿仓储用地 0.039 6 公里^2，均为探矿点设施用地；特殊用地 0.038 2 公里^2；公共管理与公共服务用地 0.010 6 公里^2；商服用地 0.008 3 公里^2；其他土地

12.826 4 公里²，全部为裸地[①]。

2. 森林资源

普达措国家公园所处的香格里拉市是云南 17 个重点林区县（市）之一，据迪庆藏族自治州 2019 年国土三调的结果，普达措国家公园有林地面积 530.090 7 公里²，森林覆盖率为 88.04%，全部为天然林（图 4-2），主要植被类型有：硬叶常绿阔叶林、云冷杉林、大果红杉林、落叶阔叶林、高山柏灌丛、柳灌丛、高山杜鹃灌丛和亚高山草甸等。

图 4-2　天然林

3. 湿地资源

普达措国家公园湿地面积为 5.854 1 公里²，按照湿地分类标准分为 3 类 8 型，包括永久性河流、季节性河流、永久性淡水湖、季节性淡水湖、苔藓沼泽、草本沼泽、灌丛沼泽、沼泽化草甸，其中包含了碧塔海国际重要湿地。国家公园范围内的湿地是水禽和涉禽等鸟类迁徙途中良好的食物补给站和越冬地，也是少数几种鸟类的繁殖地，对这些鸟类完成其生命过程具有极其重要的作用。

4. 生物资源

普达措国家公园内植物资源十分丰富，有种子植物 140 科 568 属 2 275

① 资料来源：迪庆藏族自治州 2019 年国土三调数据。

种，其中裸子植物 4 科 9 属 22 种、被子植物 136 科 559 属 2 253 种。种子植物中包含各级别的特有种多达 1 232 种，占该区域种子植物总数的 54.2%。普达措国家公园分布有 7 种国家重点保护植物，其中，国家Ⅰ级珍稀濒危保护植物有云南红豆杉 1 种，国家Ⅱ级重点保护野生植物有澜沧黄杉、云南榧树、油麦吊云杉、金铁锁、松茸和冬虫夏草 6 种。云南省级保护植物有 12 种，列入《华盛顿公约》附录Ⅰ和附录Ⅱ的种子植物有 70 种。

普达措国家公园共记录到哺乳动物 8 目 23 科 74 种、鸟类 19 目 58 科 297 种、爬行动物 2 目 5 科 11 种、两栖动物 2 目 5 科 13 种、原生鱼类 2 目 4 科 17 种。国家公园内被列入国家重点保护动物名录的哺乳动物有 20 种，其中国家Ⅰ级重点保护野生动物有金钱豹、云豹、马麝和林麝 4 种，国家Ⅱ级保护动物有棕熊、黑熊、小熊猫、水獭、金猫、猞猁等 16 种；列入《濒危野生动植物种国际贸易公约》附录Ⅰ和附录Ⅱ的哺乳动物有 20 种。列入国家重点保护动物名录的鸟类有 32 种，其中国家Ⅰ级重点保护鸟类有黑颈鹤、黑鹳、四川雉鹑等 8 种，国家Ⅱ级重点保护野生动物有白马鸡、黑鸢、雀鹰、秃鹫等 25 种；列入《濒危野生动植物种国际贸易公约》附录Ⅰ和附录Ⅱ的鸟类有 8 种。

图 4-3　中甸叶须鱼介绍

资料来源：普达措国家公园总体规划。

在普达措国家公园碧塔海片区还生活着一种鱼类，生物学家取的学名为“中甸高山裸鲤鱼”，也称为“中甸叶须鱼”（图 4-3），这种鱼类有 3 层嘴唇，故而还得名“碧塔重唇鱼”。这种鱼类是第四纪冰川时期遗传下来的物种，距今已有 250 万年的历史，鱼身圆直，有花纹，无鳞似泥鳅，曾被当地藏民视为“神鱼”。

（三）人文资源

普达措国家公园地处我国西南边疆少数民族聚集地，区内以藏族为主，周边地区居住着汉族、白族、纳西族、傈僳族、彝族等民族。由于地处青藏高原东南缘横断山脉三江纵谷区东部，为川、滇、藏的交界，地理气候条件较青藏高原核心地区优越，独特的自然条件和多民族融合的生活方式造就了这里特殊的藏族人居环境和独特的民族风情。公园辖区内的洛吉乡及建塘镇，拥有遗址、民俗、宗教、文学艺术、雕塑绘画、音乐舞蹈等人文资源。

1. 宗教信仰

国家公园区域内的居民以藏族为主，周边地区居住着汉族、白族、纳西族、傈僳族、彝族等民族，多种文化形态并存，形成了异彩纷呈的民族文化，体现为特色鲜明的民族服饰、民居建筑、生活习俗、宗教壁画、唐卡艺术、历史遗迹、祭祀仪式等。

2. 民族习俗与民族节日

在国家公园区域内生活的少数民族因特殊的生存环境而形成了特殊的传统习俗，虽然有与汉族文化及各民族之间文化的相互渗透，但那些底蕴深厚的古老习俗仍然情趣盎然。另外，多种多样的民族节日也别具吸引力，建塘镇的“格萨尔英雄史诗”、巴塘歌卓、每年农历五月五日在端阳举行的赛马会、夜色降临时坛城广场成千上万民众跳的集体舞、独特歌唱艺术“茶会歌”、独克宗古城里的白鹤舞、“曲子”小调、香格里拉藏族服饰等，都是有别于其他藏区的民族特色。洛吉乡各民族风俗习惯都深受原始宗教文化影响，无论是婚俗丧葬、起房盖屋都渗透着原始宗教的遗迹。典型的传统节日有尼汝丹巴节、祭山跑马节、洛吉乡木圣土村的纳西族二月八、纳西新年、九龙彝族火把节、彝族新年等。

3. 民族建筑和民族饮食

普达措国家公园区域内主要居住着藏族、彝族、纳西族等少数民族，为适应其各自居住的不同地理环境和生存条件，形成了既保持本民族传统习惯，又适应不同居住地环境条件要求的独特的民居建筑形式和居住环境，具有较高的景观价值。普达措国家公园周边社区内的藏式房屋十分考究，除围绕着房屋的土墙外，整幢房屋均用上好的木材构筑。藏式房屋的屋柱是一棵生长百年以上的参天大树，房屋底层养牲畜，楼上住人，中间是灶房兼客房，旁边有卧室、仓库、佛龛等，也有两边是平顶厢房，自成一院的。门窗上端有斗拱作檐，房顶上有五彩经幡。藏族居民很少用桌凳，喜欢在垫子上盘足而坐，围着火塘就食。

独特的民族习俗、生活习惯使区域内居民拥有独特的饮食文化，酥油茶、青稞酒是藏族同胞对远方客人的热情欢迎。尼汝村的“酥里玛”是最具特色的青稞酒，其制作工艺复杂、酿制方法讲究、用料珍贵、口感独特，有滋补强身、健胃解毒的功效，被誉为民众保护自己的“圣酒”。

（四）景观资源

普达措国家公园是青藏高原东南边缘迪庆高原的一部分，独特的地理和气候造就了普达措国家公园多种多样的景观。依据国家标准《旅游资源分类、调查与评价》（GB/T 18972—2017），普达措国家公园内景观资源包括自然和人文两大类，地文、水域、生物、天象、遗址遗迹、建筑设施、人文活动、旅游商品等 8 个种类，地质地貌过程形迹、湖泊、草甸、自然天象、人类活动遗址等 21 个基本类型，资源单体数量达到 100 余处。

（五）游憩资源

普达措国家公园的游憩资源由自然生态景观资源和人文景观资源两部分构成，自然生态景观资源分地质地貌景观资源、湖泊湿地生态旅游资源、森林草甸生态旅游资源、河谷溪流旅游资源、珍稀动植物和观赏植物资源等；人文景观资源是为普达措国家公园自然生态景观注入活的灵魂的藏族传统文化，包括宗教文化、农牧文化、民俗风情及房屋建筑等。

按照表 4-2 的游憩资源分类方法，参考相关资料及实地调研情况将普达措国家公园游憩资源分为自然游憩资源和人文游憩资源两类，具体资源情况如表 4-2 所示。

表 4-2　普达措国家公园游憩资源表

资源分类		资源类型	具体资源
自然资源	自然游憩资源	湖泊	碧塔海、属都湖、丁浪湖、纳波湖、色列湖、那挨农安曲、虫多岗曲、及和曲那、刚赞曲、那觉楚、朗曲、公惹、力素黄黄曲等
		溪流、瀑布	尼汝河、属都岗河、七彩泉华瀑布

（续）

资源分类		资源类型	具体资源
自然资源	自然游憩资源	特殊地理景观	苔藓沼泽、高山岩溶地貌、冰川和冻土地貌、构造地貌；高原季风气候；7种国家重点保护植物、20种被列入国家重点保护动物名录的哺乳动物
		森林游乐	天然林面积530.0907公里^2，森林覆盖率为88.04%，主要植被类型有硬叶常绿阔叶林、云冷杉林、大果红杉林
		农牧场	弥里塘亚高山牧场等亚高山草甸
人文资源	人文游憩资源	历史建筑	藏族、彝族、纳西族等少数民族的特色民居建筑
		民俗	赛马会、白鹤舞、茶会歌，歌卓尼汝丹巴节、祭山跑马节、洛吉中村木圣土的纳西族二月八、纳西新年、九龙彝族火把节、彝族新年、风铃祈福等
		文教设施	公园入口处的展示介绍厅（访客生态教育中心）
		聚落	传统藏族村落如尼汝村、洛茸村等
		地方特产	“酥里玛”青稞酒、酥油茶、牦牛肉干、牦牛酸奶
	服务设施	住宿	悠幽庄园、藏族民宿、洛茸村酒店
		交通	环保观光车、环保游船、木制观光栈道

资料来源：普达措国家公园总体规划。

第五章　普达措国家公园生态体验项目研究

一、普达措国家公园生态体验项目现状

普达措国家公园集环境保护、生态体验、自然教育和社区受益功能为一体，主要包括世界自然遗产哈巴雪山片区之属都湖景区与国际重要湿地碧塔海两部分，在保护国家和世界自然文化遗产的前提下，为国内外访客提供观光机会。普达措国家公园针对一般控制区内具有重要科普教育意义的自然景观和人文景观开展了一系列自然教育和生态体验项目，访客可按照规划线路，在指定区域参与科普宣教、生态体验、自然教育等项目。在一般控制区范围内，普达措国家公园的生态体验项目按照主体可以分为属都湖片区、弥里塘片区和碧塔海片区。

普达措国家公园属都湖片区的属都岗河生态徒步体验区（悠幽步道），全长约 2.2 公里，徒步道为沙土路面，徒步全程需约 1 小时，沿途访客将观赏到由杨树、云南沙棘、高山柳等组成的古树群落；由西南鸢尾、锡金报春、偏花钟报春、滇蜀豹子花、金莲花、银莲花等各色花卉点缀的五花草甸；由峨眉蔷薇、扁刺蔷薇、野丁香等花卉点缀的灌木丛，漫步在沿河林荫小道，访客将享受森林的沐浴，感受回归大自然的美好。位于属都湖周围的 3.3 公里木制栈道（图 5-1）不同于悠幽步道，徒步时将感受到另一种豁然开朗的风格，沿途可以欣赏到高原湖泊、高原湿地、沼泽化草甸、灌丛沼泽、天然林，以及

图 5-1　木制栈道观光

大概率能够观赏到的候鸟和小松鼠为旅程增加了更多趣味，同时访客还可以乘坐环保游船游览属都湖，可以坐在船内欣赏湖光山色，也可以站在游船甲板上吹着湖风，以不同的视角观赏属都湖美景。

图 5-2　弥里塘牧场

普达措国家公园弥里塘片区设有专门的弥里塘观景台，在这里访客可以观赏海拔 3 700 米的亚高山草甸，湛蓝的天空，依稀可见的牛群，一望无际的草甸，点缀其中的房屋，这些景色的聚合将给访客带来浑然一体的美感，如图 5-2 所示。

图 5-3　碧塔海入口

普达措国家公园碧塔海片区拥有 4.2 公里的木制栈道，徒步时间约为 2 小时，访客也可以选择乘坐环保游船游览碧塔海，在这里可以欣赏到云南海拔最高的高原湖泊，周边古树林立，山景壮观，调皮的小松鼠跳跃在眼前，大自然的美妙与壮观尽在眼中，如图 5-3 所示。除此之外，碧塔海还有两大绝景：碧塔海的水由雪山的融雪和溪流汇聚而成，晚上杜鹃花的花瓣落下，被湖中的鱼误食，由于杜鹃花含有微量的神经毒素，鱼吃多了就会浮在水面上，这就是当地著名的碧塔海第一大绝景“杜鹃醉鱼”；等到傍晚夜幕降临的时候，林中的棕熊出来觅食，看见漂浮在水面上的鱼，就会捞来吃，形成了碧塔海的第二大绝景“老熊捞鱼”。

由于普达措国家公园开展重唇鱼保护繁育项目，为减少访客活动对该保护项目带来影响，2017 年 8 月 18 日普达措国家公园碧塔海自然保护区、弥里塘牧场暂时关闭游览，至今仅属都湖片区可以正常游览。2018 年普达措国家公园启动了“一部手机游云南”智慧导览，在游览过程中访客可以根据游览的季节和个人需求来选择干湿季及男女声等不同版本的语音导览来辅助游览公园，之后跟着手绘地图，利用“音乐＋场景＋解说”走到哪听到哪，探访普达措的历史文化和人文故事。

根据实地调查，目前普达措国家公园可供访客参与体验的生态体验项目为属都岗河生态徒步穿越、木制栈道观光游览、属都湖环保游船观光、自然教育（“一部手机游云南”电子解说）。

二、普达措国家公园访客满意度研究

本书设计了访客满意度问卷，主要调查访客对普达措国家公园现有生态体验项目及服务的满意度，旨在了解访客的需求和意见，从而获悉公园目前的生态体验项目及服务在哪些方面需要改进或加强，以期为普达措国家公园生态体验项目的设计和开发、访客的服务与管理提供科学依据与参考借鉴。

普达措景区内由于碧塔海自然保护区和弥里塘牧场的关闭，访客在走完属都湖 3.3 公里的栈道后，公园内的行程就将结束，随后乘坐环保大巴返回公园门口，此次研究的调查对象为游览完普达措国家公园的访客，2020 年 9 月 3 日调研组赴普达措国家公园进行实地调查，在了解普达措国家公园基本游憩情况后撰写并完善了此次满意度研究的调查问卷。2020 年 9 月 13—14 日在普达措国家公园属都湖大巴车候车厅进行问卷发放，总计发放问卷 360 份，其中有效问卷 349 份，有效率为 97%，主要剔除了选项过于单一的或未填写完整的问卷。

分析表 5-1 可知，整体来看访客对普达措国家公园现有生态体验项目及服务的满意度良好，除购物体验外评价指标均值均在 3.50 分以上。10 个评价指标中均值在 4 分以上的有栈道观光游览、徒步穿越、工作人员服务，上述 3 个评价指标的标准差也较小，说明栈道观光游览、徒步穿越、工作人员服务受到访客的一致好评。访客满意度均值在 3.50～3.80 区间中，共有 5 个评价指标，其中藏族文化体验、生态体验项目多样性 2 个指标的标准差偏高，说明在均值相差无几的情况下，访客对这几项指标的评价褒贬不一，有访客特别满意或特别不满意，可能是因为项目设计、服务等不够周全，只符合部分访客的喜好，也可能是因为访客自身的原因导致感知体验出现差异。购物体验的满意度均值最低为 3.37 分，因此应捕获访客注意力、营造感性的购物环境，从而提升其购物欲望，同时加强管理、提供人性化服务。

表 5-1　访客满意度均值、标准差

评价指标	均值（分）	标准差
栈道观光游览	4.30	0.749
徒步穿越	4.24	0.794
环保游船观光	3.66	0.824
藏族文化体验	3.62	0.998
购物体验	3.42	0.957
生态体验项目多样性	3.66	0.923
生态体验项目档次	3.71	0.851
生态体验项目质量	3.75	0.857
门票价格	3.90	0.917
工作人员服务	4.21	0.766

三、普达措国家公园访客感知差异研究

根据实地调查，目前普达措国家公园的生态体验项目和其他大众景区的旅游产品存在同质化现象，园内生态体验项目及服务不能完全贴合国家公园建设理念进行供给。从访客感知的视角厘清普达措国家公园与其他大众景区存在的差异性和趋同性，对普达措国家公园解决生态体验项目同质化问题、提升生态体验项目供给具有重要意义。

为了解访客对普达措国家公园与其他大众景区的感知差异情况，根据实地调查和文献查阅，从游后访客的角度出发，结合国家公园的特殊性，采用 Likert 五分量表法从自然教育、科普性、公益性、国家性 4 个方面设计了问卷。2020 年 9 月 13—15 日，调研过程同访客满意度研究，总计发放问卷 200 份，回收问卷 186 份，回收率为 93%，全部为有效问卷，分析问卷数据并按照均值从高到低进行排序后得到访客感知差异情况，如表 5-2 所示。

表 5-2　普达措国家公园访客感知差异情况

题项	均值（分）	标准差
普达措国家公园的自然资源更丰富	4.53	0.625

（续）

题项	均值（分）	标准差
普达措国家公园资源保留更完整、开发痕迹较小	4.46	0.721
普达措国家公园更能促进生态环境的保护与传承	4.43	0.696
普达措国家公园更注重自然教育	4.35	0.751
游览普达措国家公园更能提升我的环境保护意识	4.33	0.783
普达措国家公园游览秩序更好	4.33	0.753
普达措国家公园的观赏价值更高	4.27	0.730
普达措国家公园的景观特色更鲜明	4.25	0.873
游览普达措国家公园我的满意程度更高	4.16	0.744
游览普达措国家公园更能增强我的国家自豪感	4.12	0.992
普达措国家公园路标、指示牌等引导标识更清晰	4.12	0.845
普达措国家公园护栏、警示牌等旅游安全设施更完善	4.11	0.801
普达措国家公园欣赏性或被动性活动多于消费性活动	4.09	0.946
普达措国家公园的门票收费更合理	3.95	0.868
游览普达措国家公园更能增强我的民族认同感	3.94	0.962
普达措国家公园对自然资源保护方面的介绍更全面	3.92	0.894
我更愿意重游普达措国家公园	3.90	0.950
普达措国家公园的景区项目收费更合理	3.87	0.915
普达措国家公园导游图等公共信息资料更全面	3.73	0.995
普达措国家公园的自然教育形式更多样	3.70	0.872
普达措国家公园对人文资源保护方面的介绍更全面	3.67	0.922
游览普达措国家公园更能增强我的爱国主义情怀	3.66	0.970
普达措国家公园的历史文化氛围更浓厚	3.61	0.858
普达措国家公园的讲解员专业性更强	3.49	0.977

由表5-2可知，问卷调查的24个题项中，与其他大众景区相比访客对“普达措国家公园的自然资源更丰富”“普达措国家公园资源保留更完整、开发痕迹较小”“普达措国家公园更能促进生态环境的保护与传承”“普达措国家公园更注重自然教育”“游览普达措国家公园更能提升我的环境保护意识”“普达措国家公园游览秩序更好”6个方面的认同度较高，均值均在4.3分以上，其中“普达措国家公园的自然资源更丰富”的认同度最高，均值达到

4.53分，说明访客在游览过程中切实感受到普达措国家公园与其他大众景区相比拥有更丰富的自然资源；与其他大众景区相比访客对“普达措国家公园的讲解员专业性更强”“普达措国家公园的历史文化氛围更浓厚”“游览普达措国家公园更能增强我的爱国主义情怀”“普达措国家公园对人文资源保护方面的介绍更全面”“普达措国家公园的自然教育形式更多样”“普达措国家公园导游图等公共信息资料更全面”6个方面认同度较低，均值均低于3.8分，在24个题项中对“普达措国家公园的讲解员专业性更强”的认同度最低，均值仅为3.49分，目前普达措国家公园开放景点少可能在一定程度上影响了访客对以上项目的感知，主要原因还是普达措国家公园目前确实存在以上问题和不足，如讲解员专业性不强、历史文化氛围不浓厚等。

此外，“游览普达措国家公园更能增强我的国家自豪感”“游览普达措国家公园更能增强我的民族认同感”“我更愿意重游普达措国家公园”“普达措国家公园导游图等公共信息资料更全面”“游览普达措国家公园更能增强我的爱国主义情怀”“普达措国家公园的讲解员专业性更强”6个题项的标准差较高，均在0.95以上，结合实地调研本书认为这种差异是由于被调查者的年龄与社会阅历的差异导致的游后感知的差异，存在一部分访客在游完普达措国家公园后没有明确感受到油然而生的国家公园自豪感和民族认同感，这说明普达措国家公园对国家公园的建设理念的传播存在一定不足，另外缺乏对人文资源的介绍，以及历史文化氛围不浓厚也可能影响访客的民族认同感。

四、本章小结

由前文可知，目前普达措国家公园的生态体验项目主要为传统的观光型体验项目，借鉴国外经验后，打造了徒步及基础的自然教育型生态体验项目，生态体验项目发展取得了一定的成果但发展速度较为缓慢，与国外国家公园及三江源国家公园相比，普达措国家公园存在生态体验项目数量少、种类单一，无法满足访客深层次体验需求，现有生态体验项目未完全发挥出国家公园游憩特殊性及自身特色等问题。由访客对普达措国家公园生态体验项目及服务的满意度情况可知，目前普达措国家公园的生态体验项目缺乏藏族文化涉入且没有为访客提供感性的购物环境；由访客对普达措国家公园与其他大众景区的感知差异情况可知，访客认为公园讲解员专业性较差，历史文化氛围和人文资源介绍还有一定欠缺，自然教育形式单一及导游图等公共信息资料不够全面，除原生自然资源丰富和保留了资源完整性外，普达措国家公园与其他大众景区相比差异性不大。

第六章　普达措国家公园生态体验项目创新研究

一、普达措国家公园管理方创新意愿调查

普达措国家公园内经营活动的组织模式历经更迭，不同的阶段选择了不同的资源保护与利用方式，从最初经营权由碧塔海省级自然保护区内部转让给国有景区企业，到碧塔海、属都湖经营权整体转让给私营企业，再到由普达措国家公园管理局管理，迪庆州旅游集团有限公司普达措旅业分公司全权经营，最后一种模式延续至今，而国际上通行的特许经营模式一直未被普达措国家公园采用。

为了解普达措国家公园管理方对生态体验项目的创新意愿，作者在2020年9月13—14日前往迪庆藏族自治州香格里拉市建塘镇，分别对迪庆州旅游集团有限公司普达措旅业分公司和普达措国家公园管理局的工作人员进行了深度访谈。通过访谈了解到，在经营模式上，未来普达措国家公园将逐步引进特许经营模式，本书根据访谈期间两位工作人员的回答，摘抄其中部分原话，再根据此次访谈目的，总结后形成了此次访谈的具体内容。

访谈时间：2020年9月13日

访谈对象：普达措旅业分公司管理人员

（1）在国家公园管理过程中生态体验项目的开发理念及开发过程与传统景区有没有什么差异?

答：这个差异肯定是存在的，国家公园目前全国也只有10个试点，传统景区数量就太多了。国家公园是以保护为优先，环境是排在第一位的，这个我们都是知道的。在项目开发理念方面不能像其他传统景区那样，一味地追求企业利益最大化，肯定是要秉持着保护环境优先的开发理念。

（2）普达措国家公园现在解说服务人员的管理情况如何?

答：我们的导游是由两个部分组成的，一部分是公司内部自己培训上岗的导游，我们会每年对这些导游进行培训，针对礼仪方面讲解方面；另一部分就是我们公司会和一些高校合作，每年7—10月暑期、国庆节这些访客比较多且比较忙的时候，就会请学校的学生来做志愿者，帮助我们分担一下压力。我们公园内的导游一般都是在公园的大巴车上讲解，从景区大门口到属都湖，从属都湖到弥里塘，再从弥里塘到碧塔海，最后是从碧塔海返回景区门口，这几段路程中全程都是有导游讲解的。

（3）导游为访客提供了哪些固定的解说词？

答：我们导游提供的固定解说词基本上都是围绕几个重点地方，如属都湖、弥里塘、碧塔海。首先就是给访客讲解“香格里拉”“普达措”这两个名称的汉语含义，然后根据这段路程的目的地来讲解各个目的地的风景和特色之处。在讲这些重点地方的过程中，沿途也会讲普达措的珍稀动植物如“树胡子”也就是长松萝的相关知识，同时还会告诉访客要保护环境、不能伤害小动物、不能随意践踏草坪。我觉得我们的导游词还是有点太固定了，没有什么创新，专业性的话也不是很强，访客有时候会问到路边的花草树木，可能导游答不上来，这一点还是需要加强的。

（4）对访客的生态教育除了导游讲解还体现在哪些方面，有没有建立访客生态文明教育体系？

答：对访客的生态教育这方面我们还是比较欠缺的。除了导游与访客在大巴车上的面对面讲解之外，景区里还有一些标识标牌，不过这些标识标牌和大众景区的标识标牌差别不大，感觉在发挥自然教育作用方面还是很有限的。除了这些，我们还有一个“一部手机游云南”公众号，在景区很多地方都设置了二维码，访客扫描二维码可以选择普达措国家公园，然后听里面的讲解，讲解内容比较专业，也会涉及对访客的生态教育。但是据我们观察，很少会有访客去主动扫码，所以使用的人也不多。生态教育这方面我们还是很欠缺，生态文明教育体系的话也还没有形成，现在也正在考虑这个问题，未来会更加注重用多样化的方式来提高我们公园的生态教育功能，建立一个完善的生态文明教育体系。

访谈时间：2020年9月14日

访谈对象：普达措国家公园管理局工作人员

(1) 2020年我国将结束国家公园体制试点，总结评估经验后正式设立一批国家公园，您对普达措国家公园有信心吗?

答：我觉得比起其他国家公园试点来说普达措国家公园试点还有很多不足，像大熊猫国家公园、钱江源国家公园、祁连山国家公园还有三江源国家公园，他们都是做得比较好的，也是我们学习的榜样。大熊猫国家公园的入口社区规划我觉得是非常值得学习和借鉴的；钱江源国家公园和社区的结合也非常好，他们在社区的小学专门开展了一门课，称为“国家公园认知课”，还编制了与国家公园植物有关的成人版和儿童版科普图书，同时还正式上线了国家公园内的植物识别App，是做得非常好的；未来普达措国家公园也会在朝着这个方向努力的同时做出自己的创新。虽然普达措国家公园的不足之处有很多，但是毕竟是我们大家付出了很多心血和努力的地方，我对普达措国家公园还是很有信心的。

(2) 您认为目前普达措国家公园内可开展的生态体验项目有哪些?

答：现在公园的生态体验项目很少，可以说只有观光这一种，但是对于未来的生态体验项目我们还是有一些想法并且也付出了一定的努力和实践。未来可开展的生态体验项目主要分为三种：一是自然教育方面的，二是户外运动方面的，三是藏族文化传承方面的。自然教育方面，公园正在建设自己独有的自然教育体系，一个是针对中小学生的自然教育基地，为他们设计一些自然体验课程；另一个是正在建设的云南省第一家生态图书馆，也就是碧塔海生态图书馆，它位于一般控制区，属于我们公园生态教育基地改造项目之一，由之前的碧塔海餐厅现有设施改造而成。在内容填充上汇集以藏文化生态智慧为核心的国内生态文明领域各类书籍，在布展细节上穿插藏八宝、中甸叶须鱼等普达措国家公园特色元素，通过外塑形象、内实产品，建设雪域高原上集阅读、文创、休憩等功能于一体的中国特色国家公园生态图书馆。这个图书馆主要设置生态阅读、生态休闲、生态研讨、生态文创科创、AR互动体验、生态探索体验等功能区域，为公众提供阅读、生态展示、科学探索、沙龙、读书分享会、藏式饮品制作等内容，同时适当加入科技手段，比如说将水下监测画面引入到图书馆的屏幕上，让访客可以观察到湖水下的各种鱼类及动植物，以此来提升访客的游憩体验。在户外运动方面，可能会有一些由社区居民带领的森林探险类生态体验项目。在藏族文化传承方面，主要落脚点是在公园内的两个传统藏族村寨，一个是洛茸村，另一个是尼汝村。在那里可以设置观赏及参与体验非遗文化的物品制作，如藏酒的制作、藏族传统技艺织锦等。当然这些生态体验项目是首先考虑特许给当地的社区居民的。未来可以开展的生态体验项目一定比现在要丰富很多，我们也正在探索更加合适我们公园的生态体验项目，但是生态体验项目的开发和经营与生态环境保护之间的关系是需要我们认真斟酌和协调的。

二、普达措国家公园生态体验项目清单设计

普达措国家公园管理方对生态体验项目的创新意愿强烈，正在筹建中的生态体验项目包括自然教育、野外露营、生态科考、藏民家访、由专业人士带领访客骑马游览国家公园等。结合国内外生态体验项目现状，作者列出了普达措国家公园有条件提供的生态体验项目清单，与国家公园管理方就清单上的生态体验项目进行可行性的探讨和分析，生态体验项目清单如表 6-1 所示。

表 6-1　生态体验项目清单

序号	项目	序号	项目	序号	项目
1	徒步远足	8	野外露营	15	少年护林员计划
2	森林全景骑行	9	野生动植物观赏	16	教师研讨会
3	机动车观光	10	观星	17	领养计划
4	骑马游览公园	11	参加主题节会	18	登山
5	水上观光	12	开展生态科考	19	森林探险
6	野外生存训练	13	野外定向运动	20	马拉松
7	观看民族歌舞表演	14	藏民家访	21	品尝民族美食

(1) 徒步远足。在国家公园内沿着山间小径行走，徒步线路可长可短。徒步过程中可以欣赏沿途的自然风光和人文景观，公园内的奇花异草、珍禽异兽也为徒步旅行增色不少。普达措国家公园面积较大，沿途地貌及景观各异，目前已有两条成熟的徒步路线，新的徒步远足路线即将开发建设完毕。

国外大多数国家公园均提供了此类生态体验项目。

（2）森林全景骑行。在环绕国家公园的森林绿道上使用特定的环保自行车开始骑行之旅。普达措国家公园林地面积大，森林覆盖率高且全部为天然林，植被类型多样，在骑行中可观赏广布的森林河流，呼吸清新的空气，甚至偶尔蹦出的小松鼠，都会为访客与家人带来无限的惊喜。阿根廷的纳韦尔瓦皮湖国家公园、巴西的迪亚曼蒂那国家公园等均提供了此类生态体验项目。

（3）机动车观光。乘坐自带讲解功能的环保观光车游览公园，是了解公园全景的最好方式，普达措国家公园目前已有环保观光车运行。泰国的奎布里国家公园、日本的十和田八幡平国家公园等均提供了此类生态体验项目。

（4）骑马游览公园。在专业人士必要的马术讲解后，带领访客骑马深度游览国家公园美景。普达措国家公园草地面积49.962 4公里^2，有弥里塘牧场等亚高山草甸，风景优美，养马的藏民可以为访客提供简单的骑马教学及向导。智利的百内国家公园、坦桑尼亚的阿鲁沙国家公园、南非的金门高地国家公园等均提供了此类生态体验项目。

（5）水上观光。乘坐环保游船换个角度欣赏国家公园美景，普达措国家公园已有环保游船运行，访客可以有机会与属都湖近距离接触，也可以站在游船甲板上欣赏湖光山色。韩国的闲丽海上国家公园等均提供了此类生态体验项目。

（6）野外生存训练。在国家公园内体验丰富的野外生存训练课程，由专业人士实景传授野外生存知识和技能，培养访客敢于冒险的意识和善于应对挑战的精神。普达措国家公园有林地面积530.090 7公里^2，森林覆盖率为88.04%，全部为天然林且植被类型多样，受过专业培训的当地藏民可以充当野外生存训练师的角色，向访客传授当地独特的野外生存经验。英国的湖区国家公园提供了此类生态体验项目。

（7）观看民族歌舞表演。在少数民族特定节日的特定时间段为访客献上原汁原味的民族歌舞表演，此活动可在国家公园活动日历上发布，供访客预约参加。普达措国家公园区域内的居民以藏族为主，周边地区居住着汉族、白族、纳西族、傈僳族、彝族等民族，多种文化形态并存，形成了异彩纷呈的民族文化。集体舞、独特歌唱艺术如“茶会歌”、白鹤舞、“曲子”小调都能为访客带来极具观赏性的表演。日本的阿寒摩周国家公园提供了此类生态体验项目。

（8）野外露营。在国家公园内的指定露营地体验野外露营，注意遵守国家公园露营的相关守则，不得做出破坏生态环境的行为。普达措国家公园湖泊、河流众多，高山与盆地的搭配为野外露营提供了得天独厚的条件。国外大多数国家公园均提供了此类生态体验项目。

（9）野生动植物观赏。该项目是在国家公园内有经验的专业人士的带领下，探寻公园内珍稀的野生动植物并对相关知识进行教学和讲解。普达措国家公园野生动植物资源丰富，通过当地藏民或志愿者的带领，访客将会了解在何处、何时、怎样观察野生动植物，并且了解它们的行为、相关知识及目前的保护情况。国外大多数国家公园均提供了此类生态体验项目。

（10）观星。由专业人士为世界各地慕名而来的访客介绍国家公园区域独特的星空。普达措国家公园地处云贵高原，海拔 2 800 米以上，最高海拔 4 100米，远离城市的光污染，是观星的好去处。法国的留尼旺岛国家公园和塞文国家公园、国内的三江源国家公园等均提供了此类生态体验项目。

（11）参加主题节会。国家公园可以设置一个活动日历，在每年的不同时间设置不同的主题活动，发布在国家公园网站上，以供访客预约参加，活动主题可以是天文、湖泊、动植物、民族文化等。普达措国家公园自然、人文资源丰富多彩，可举办多种类型的主题节会供访客预约参加。法国的森林国家公园、瑞士的瑞士国家公园、克罗地亚的克尔卡国家公园等均提供了此类生态体验项目。

（12）开展生态科考。科研人员围绕相关主题在特定区域开展生态系统检测等科学考察。普达措国家公园内有未受人类活动破坏的原生性森林植被，野生动植物资源极为丰富，是科研科考的重要地域。日本的吉野熊野国家公园等均提供了此类生态体验项目。

（13）野外定向运动。利用地图和指南针到访国家公园内所指定的各个点标，这项竞技运动以最短时间到达所有点标者为胜。普达措国家公园林地、草地面积较大，资源较丰富，在一般控制区可设计相应的野外定向运动。美国的荒地国家公园提供了此类生态体验项目。

（14）藏民家访。访问传统藏族居民，体验糌粑、酥油茶、青稞酒制作，与藏民交流感受传统藏族文化。普达措国家公园区域的居民以藏族为主，藏民家访是公园曾提供的生态体验项目之一。国内的三江源国家公园提供了此类生态体验项目。

（15）少年护林员计划。所有年龄段的孩子都可以参加少年护林员计划，在访客中心领取少年护林员活动手册，完成小册子中不同年龄段对少年护林员所列出的要求，要求包括撰写观察结果、绘制图片、完成野外活动及参加由护林员领导的计划等，护林员领导的许多计划都是专门为儿童和家庭设计的。由受过专业培训的普达措护林员带领，少年护林员在普达措国家公园里可以了解自然和历史，帮助保护国家公园，并向朋友、家人和同学介绍他们的冒险经历，在日常生活中践行环保理念。国外大多数国家公园均提供了此类生态体验项目。

（16）教师研讨会。加入后可以与研究中心的工作人员一起在国家公园里旅行两个星期左右，参与者可以获得类似公园工作人员对自然资源的特殊访问权限，能够尽可能多地探索户外深入了解国家公园。加入研讨会需要支付一定的成本费用，但国家公园会提供一定的奖学金，合作的大学还将提供一定的学分。研讨会涉及一些专门领域如野生动物、地质学、生态学、历史、植物、艺术及户外活动的技巧。普达措国家公园目前与众多学校建立了合作关系，具有一定的科研基础与科研成果可供开展教师研讨会。美国的荒地国家公园提供了此类生态体验项目。

（17）领养计划。针对国家公园的珍稀动植物，推行领养计划，该计划旨在提高人们对珍稀动植物及其生存威胁的认识。普达措国家公园内野生动植物资源丰富，分布有 7 种国家重点保护植物，被列入国家重点保护动物名录的哺乳动物有 20 种，访客通过捐赠指定金额，可以获得公园内某种动植物的基本情况手册及一张领养证明。美国的卡尔斯巴德洞穴国家公园提供了此类生态体验项目。

（18）登山。在特定要求下，访客徒手或使用专门装备，从国家公园的低海拔地形向高海拔山峰进行攀登的一项体育活动。普达措国家公园在云南地貌区划中，位于横断山脉高山峡谷区的北段，具有较大面积的高山岩溶地貌，具有得天独厚的登山条件。新西兰的奥拉基库克山国家公园、加拿大的克鲁安国家公园、泰国的考艾国家公园等均提供了此类生态体验项目。

（19）森林探险。在国家公园内由专业人士带领访客体验各种森林探险课程，如森林课堂、征服山野、植物实验室等。普达措国家公园有林地面积530.090 7公里^2，森林覆盖率为88.04%，具有设计开展相关森林知识及探险课程的基础条件。日本的小笠原国家公园提供了此类生态体验项目。

（20）马拉松。在国家公园内的指定步道上进行长跑比赛。普达措国家公园一般控制区面积为280.853 5公里^2，占国家公园总面积的46.65%，已有一定的道路基础与线路基础，具有开展马拉松比赛的条件。巴西的伊瓜苏国家公园、南非的奥赫拉比斯瀑布国家公园等均提供了此类生态体验项目。

（21）品尝民族美食。每一道美食的背后都承载了不同的环境气候、不同的性格特点、不同的历史文化，品尝公园内少数民族的特色美食亦是品尝了一个地域的风土人情。普达措国家公园内的民族村落居住着藏族、白族、纳西族、傈僳族、彝族等少数民族，可以为访客提供特色的民族美食。日本的阿寒摩周国家公园提供了此类生态体验项目。

徒步远足、观星、野生动植物观赏、开展生态科考、森林探险、骑马游览公园、野外生存训练等生态体验项目都需要有国家公园内的专业人士进行引导及陪同。

国家公园管理方认为，清单中的森林全景骑行、机动车观光、水上观光、马拉松不适合作为普达措国家公园未来开展的生态体验项目，建议将观星与野外露营统一合并为野外露营，观赏民族歌舞、品尝民族美食已包含在生态体验项目藏民家访中。管理方还提到碧塔海里生长着一种古老的鱼类重唇鱼，建议在碧塔海的废弃码头建立小型“重唇鱼主题科普宣教馆”，供访客参观了解，这个生态体验项目既能彰显普达措国家公园特色又能很好地发挥国家公园的科普教育功能。

三、普达措国家公园生态体验项目设计

基于前文分析、研究的结果，作者将本书设计的普达措国家公园生态体验项目分为自然体验、休闲体验、科普考察、户外运动体验、历史文化体验五个类别，如表6-2所示。其中，自然体验主要以正在开发设计中的“徒步远足”为主，满足大部分访客体验大自然，舒缓日常生活压力的需

求；休闲体验以正在开发设计中的“野外露营”为主，“野生动植物观赏”及“参加主题节会”为补充，拓展访客野外体验；科普考察以青少年为主要目标群体开展“少年护林员计划”，以成年人为主要目标群体开展“教师研讨会”项目，以及管理方有意愿建设的“重唇鱼主题科普教育馆”，在感官、物质层次的基础上通过丰富多彩的体验和参与项目，加深访客对普达措国家公园动植物知识的学习和了解；户外运动体验则是依靠普达措国家公园得天独厚的森林资源开展“森林探险”“登山”“野外生存训练”“野外定向运动”等生态体验项目，满足访客对探险性、挑战性和刺激性项目的需求；历史文化体验则是因地制宜，利用普达措国家公园属于藏区的特殊地理位置，以藏族文化体验为主打开展“藏民家访”“拜佛转经”的生态体验项目。

表 6-2　普达措国家公园生态体验项目设计一览表

项目类别	项目内容
自然体验	徒步远足、骑马游览公园
休闲体验	野外露营、野生动植物观赏、参加主题节会
科普考察	少年护林员计划、教师研讨会、参观主题科普教育馆
户外运动体验	森林探险、登山、野外生存训练、野外定向运动
历史文化体验	藏民家访、拜佛转经

四、普达措国家公园生态体验项目偏好研究

在借鉴国内外国家公园成熟的生态体验项目发展经验后，结合普达措国家公园自身情况，本书设计了普达措国家公园未来可能提供的生态体验项目，以期帮助普达措国家公园实现全民公益性及发挥国家公园综合功能，由于国家公园的游憩特殊性，这些生态体验项目属于新兴事物，访客是否会喜欢提供的生态体验项目？在本书设计的生态体验项目中，访客更偏好哪些类别？本书此部分从普达措国家公园访客偏好的角度出发，对访客的偏好及影响因素进行实证研究，以期厘清访客的生态体验项目偏好，提升

其游憩体验，并从需求角度为普达措国家公园生态体验项目的设计和营销提供有益参考。

（一）数据采集及描述性统计分析

1. 数据采集

2020年9月13—15日进行了预调研，调研过程见第五章第二部分，共发放预调研问卷50份，对预调研的结果进行分析后，完善问卷中出现的个别问题，于2020年9月26—30日共发放问卷600份，其中有效问卷494份，有效率为82%，主要剔除了填写时间不足6分钟的、选项过于单一的或未填写完整问卷的。

2. 访客基本情况

如表6-3所示，样本的男女比例大体相当（47∶53），男性232人，女性262人；年龄以26～35岁为主（54.9%）；月收入以10 001元以上为主（34.8%）；职业以公司职员为主（43.5%）；有178人来自国家公园试点省份①，仅有57人来自云南省，259人来自非国家公园试点省份，这可能是由于香格里拉的名气在省外有较为广泛的传播，慕名而来的人大多数会选择参观普达措国家公园；受教育水平以大专或本科为主（70.6%），其中本科学历占比50.2%，硕士及以上占比19.6%。

表6-3　访客基本信息表

基本信息	特征	频数	占比（%）
性别	男	232	47.0
	女	262	53.0
年龄	18岁以下	1	0.2
	18～25岁	105	21.3
	26～35岁	271	54.9
	36～55岁	105	21.3
	55岁以上	12	2.4

① 国家公园试点省份：吉林、黑龙江、浙江、福建、湖北、湖南、海南、四川、陕西、甘肃、青海、北京。

（续）

基本信息	特征	频数	占比（%）
月收入	2 000 元以下	40	8.1
	2 001～4 000 元	53	10.7
	4 001～6 000 元	76	15.4
	6 001～8 000 元	74	15.0
	8 001～10 000 元	79	16.0
	10 001 元以上	172	34.8
职业	学生	32	6.5
	教师	15	3.0
	公务员	38	7.7
	商人	30	6.1
	公司职员	215	43.5
	自由职业	72	14.6
	离退休人员	11	2.2
	其他	81	16.4
省份	国家公园试点省份	178	36.0
	非国家公园试点省份	259	52.4
	云南省	57	11.5
受教育水平	小学及初中	11	2.2
	高中/中专	37	7.5
	大专	101	20.4
	本科	248	50.2
	硕士及以上	97	19.6

如表 6-4 所示，仅有 25.2%的人对国家公园的发展理念表示了解或很了解，1.4%的人表示非常不了解，19.6%的人表示不了解，53.8%的人表示一般，由此可知大部分访客对国家公园发展理念的了解程度不高；在此次普达措国家公园的出行满意度方面，满意和非常满意的访客占 77.4%，18.6%的人表示一般，4%的人表示不满意或非常不满意，其中非常不满意占比 0.4%，总体来说大部分访客对普达措之行感到满意。

表 6-4　访客对国家公园的了解程度及出行满意度

基本信息	特征	频数	占比（%）
对国家公园的了解程度	非常不了解	7	1.4
	不了解	97	19.6
	一般	266	53.8
	了解	104	21.1
	很了解	20	4.0
出行满意度	非常不满意	2	0.4
	不满意	18	3.6
	一般	92	18.6
	满意	271	54.9
	非常满意	111	22.5

3. 访客生态体验项目偏好分析

在问卷调查中，要求访客从 14 个生态体验项目中选择出 3 个喜欢的生态体验项目，再从 5 个生态体验项目类别中选择出 1 个最喜欢的生态体验项目类别。表 6-5 直观地反映了访客对生态体验项目及其类别的偏好情况。

表 6-5　生态体验项目及其类别选择频数及其占比

项目类别	频数	占比（%）	项目内容	频数	占比（%）
自然体验	190	38.5	徒步远足	273	18.4
			骑马游览公园	148	10.0
休闲体验	112	22.7	野外露营	203	13.7
			野生动植物观赏	116	7.8
			主题节会	55	3.7
科普考察	17	3.4	少年护林员计划	19	1.3
			教师研讨会	9	0.6
			参观主题科普教育馆	31	2.1
户外运动体验	130	26.3	登山	113	7.6
			森林探险	214	14.4
			野外生存训练	88	5.9
			野外定向运动	81	5.5

（续）

项目类别	频数	占比（%）	项目内容	频数	占比（%）
历史文化体验	45	9.1	藏民家访	91	6.1
			拜佛转经	42	2.8

由表6-5可见，“徒步远足”被访客选择的频数为273次，排在第一位，说明访客对普达措国家公园现有的徒步穿越项目较为满意，这也充分说明大部分访客偏好这种健康、环保的生态体验项目，不仅能欣赏大自然的美景，而且能缓解都市快节奏生活带来的压力；排在第二位和第三位的分别是“森林探险”和“野外露营”，进一步说明访客对亲近大自然的渴望及对体验型项目的偏好。在14个生态体验项目中，“教师研讨会”“少年护林员计划”“参观主题科普教育馆”被访客选择的频数较低，这说明科普考察类生态体验项目对访客的吸引力不高，一方面是由于访客对国家公园发展理念的了解程度不够，另一方面可能是由于访客鲜少接触及参与科普考察类生态体验项目，对类似“教师研讨会”“少年护林员计划”等生态体验项目认知程度不够，不了解这些项目的形式内容与体验价值，因而对它们的选择意愿较弱、体验欲望不高。未来普达措国家公园应通过多种渠道宣传与普及国家公园理念和不同形式的科普考察类生态体验项目，积极引导各年龄段访客参与体验，充分发挥国家公园应有的自然教育功能。

在494名访客中，最受访客喜爱的是自然体验，然后依次是户外运动体验、休闲体验、历史文化体验、科普考察，这个结果与访客对具体生态体验项目的选择意愿是相符合的，访客较为偏好的生态体验项目类别为自然体验、户外运动体验和休闲体验，选择这三类作为最喜欢的生态体验项目类别的访客占总访客的87.5%，访客选择频数最低的类别是科普考察。

（二）生态体验项目偏好影响因素分析

由上文的描述性统计可知，访客对不同生态体验项目及其类别的偏好存在明显差异，国家公园内的生态体验项目作为一种新兴事物，准确把握访客对生态体验项目类别偏好的影响因素是推动国家公园游憩可持续发展的关键，本部分结合偏好构造理论与技术接受模型，运用多元无序Logistic回归模型探讨了影响访客偏好的影响因素，对于科学引导访客参与国家公园生态体验项目，推动国家公园游憩健康发展具有重要意义。

1. 理论基础与分析

（1）偏好构造理论。Bettman 等（1998）指出消费者的偏好不是固有的或已存在的东西，而是基于心理情感和认知导向，根据外在任务和环境的特点构造出来的。基于前人的研究（王东山，2017）及国家公园的特性，将偏好构造理论的三个维度转化为若干变量，如表 6-6 所示。

表 6-6　基于偏好构造理论的维度变量表

维度	变量
心理情感	出行动机
	性格
	出行前的生活状态
	游览满意度
认知导向	是否去过国家公园
	对国家公园理念的了解程度
外在环境	同行者
	身体素质

（2）技术接受模型。技术接受模型是由理性行为模型衍生而来，Davis（1989）在他的博士论文中第一次提出了技术接受模型。如今技术接受模型已从最初的解释组织工作环境中个体对信息技术的使用行为，拓展到更加复杂的消费服务领域，其认为个体接受和消费新产品是由个体的消费意愿决定，消费意愿受感知有用性和感知易用性影响（周波等，2017）。参考姚云浩、栾维新（2019）等的研究，并结合国家公园生态体验项目的特征及属性，设定的变量如表 6-7 所示。

表 6-7　基于技术接受模型的维度变量表

维度	变量
感知有用性	带来新奇特殊的体验
	开拓视野、丰富知识
	减压放松、有益身心

（续）

维度	变量
感知易用性	游憩总体过程很容易
	掌握体验生态体验项目所需专业技能很容易
	游憩过程很方便

2. 影响因素回归分析

本研究的因变量属于多元无序型分类变量，因此选择多元无序 Logistic 回归模型对访客的生态体验项目类别偏好进行回归分析。实证分析中将因变量生态体验项目类别中的自然体验取值为 1，休闲体验取值为 2，科普考察取值为 3，户外运动体验取值为 4，历史文化体验取值为 5。对于任意的选择 j（$j=1，2，3，4$），多元无序 Logistic 回归模型可以表示为

$$\ln\left[\frac{P(y=j/x)}{P(y=J/x)}\right]=a_j+\sum_{n=1}^{n}\beta_{jn}x_n \tag{6-1}$$

式（6-1）中：P 表示访客偏好第 j 种生态体验项目类别的概率，a_j 表示对应模型的常数项，n 为样本的观测值，x_n 为第 n 种影响访客偏好的自变量，所有自变量分为个人特征变量、基于偏好构造理论的变量、基于技术接受模型的变量，β_{jn} 表示自变量回归系数向量。以 J 为参照类型，访客偏好其他生态体验项目类别的概率与偏好 J 类生态体验项目的概率比值为事件发生比（优势比）即 OR 值。由于自然体验被作为首选偏好的比例最大，因此本研究将赋值为 1 的类别（自然体验）作为比较的基准因素来分析访客偏好的影响因素，相应地可以得到以下 4 个 Logistic 函数，即

$$\ln\left(\frac{P_2}{P_1}\right)=a_2+\sum_{n=1}^{n}\beta_{2n}x_n \tag{6-2}$$

$$\ln\left(\frac{P_3}{P_1}\right)=a_3+\sum_{n=1}^{n}\beta_{3n}x_n \tag{6-3}$$

$$\ln\left(\frac{P_4}{P_1}\right)=a_4+\sum_{n=1}^{n}\beta_{4n}x_n \tag{6-4}$$

$$\ln\left(\frac{P_5}{P_1}\right)=a_5+\sum_{n=1}^{n}\beta_{5n}x_n \tag{6-5}$$

本研究将访客的基本个人特征与基于偏好构造理论、技术接受模型的影

响因素相结合，共确定自变量16个，如表6-8所示。

表6-8 基于各维度的自变量

维度	变量名
访客个人特征	性别
	省份
	职业
	年龄
	受教育程度
	月收入
偏好构造理论（心理情感）	主要出行动机
	性格
	出行前生活状态满意度
	此次出行满意度
偏好构造理论（认知导向）	是否曾去过国家公园试点
	对国家公园发展理念的了解程度
偏好构造理论（外在环境）	同行者
	身体素质
技术接受模型	感知易用性
	感知有用性

以生态体验项目类别（自然体验、休闲体验、科普考察、户外运动体验、历史文化体验）为因变量与16个自变量一起进行多元无序Logistic回归，模型通过似然比检验，P值为0.007（小于0.05），因而说明拒绝原定假设，即本次构建模型时，放入的自变量具有有效性，本次模型构建有意义。下列回归分析表只列出P值小于0.05的显著影响因素。

由表6-9可知，相对于自然体验来讲，在休闲体验的前提之下，P值大于0.05的自变量不显著，其对因变量不会产生影响关系，即感知有用性、对国家公园发展理念的了解程度、出行前生活状态满意度、此次出行满意度、性别、省份、职业、受教育程度、年龄、主要出行动机、同行者、性格均对访客偏好没有影响。

表 6-9　回归分析表（休闲体验/自然体验）

显著的影响因素	回归系数	标准误	Wald	显著水平(*P*)	OR 值
感知易用性	−0.490	0.206	5.659	0.017	0.612
身体素质	−0.426	0.215	3.930	0.047	0.653
曾去过其他国家公园	0.770	0.311	6.135	0.013	2.160
月收入 2 000 元以下	1.400	0.666	4.420	0.036	4.054
月收入 2 001～4 000 元	1.083	0.516	4.412	0.036	2.953

注：Wald 表示卡方值。下同。

感知易用性的回归系数值为−0.490，并且呈现出 0.05 水平的显著性（$P=0.017<0.05$），意味着感知易用性会对访客偏好产生显著的负向影响关系；OR 值为 0.612，意味着感知易用性增加一个单位时，访客选择自然体验的概率是休闲体验的 0.612 倍，即感知易用性较高的访客更可能选择自然体验类生态体验项目。

身体素质的回归系数为−0.426，并且呈现出 0.05 水平的显著性（$P=0.047<0.05$），意味着身体素质会对访客偏好产生显著的负向影响关系；OR 值为 0.653，意味着身体素质增加一个单位时，访客选择自然体验的概率是休闲体验的 0.653 倍，即身体素质越好的访客更可能选择自然体验类生态体验项目。

曾去过其他国家公园的回归系数为 0.770，并且呈现出 0.05 水平的显著性（$P=0.013<0.05$），意味着曾去过其他国家公园会对访客偏好产生显著的正向影响关系；OR 值为 2.160，意味着曾去过其他国家公园的访客比没去过其他国家公园的访客选择休闲体验的概率是自然体验的 2.160 倍，即去过其他国家公园的访客更可能选择休闲体验类生态体验项目。

月收入 2 000 元以下的回归系数为 1.400，并且呈现出 0.05 水平的显著性（$P=0.036<0.05$），意味着月收入 2 000 元以下会对访客偏好产生显著的正向影响关系；OR 值为 4.054，意味着月收入 2 000 元以下的访客选择休闲体验的概率是自然体验的 4.054 倍，即月收入 2 000 元以下的访客更可能选择休闲体验类生态体验项目。

月收入 2 001～4 000 元的回归系数为 1.083，并且呈现出 0.05 水平的显著性（P=0.036<0.05），意味着月收入2 001～4 000元会对访客偏好产生显著的正向影响关系；OR值为2.953，意味着月收入2 001～4 000元的访客选择休闲体验的概率是自然体验的2.953倍，即月收入2 001～4 000元的访客更可能选择休闲体验类生态体验项目。

由表6-10可知，相对于自然体验来讲，在科普考察的前提之下，P值大于0.05的自变量不显著，其对因变量不会产生影响关系，即感知有用性、感知易用性、是否去过其他国家公园、对国家公园发展理念的了解程度、出行前生活状态满意度、此次出行满意度、省份、年龄、月收入、受教育程度、性格均对访客偏好没有影响。

表6-10　回归分析表（科普考察/自然体验）

显著的影响因素	回归系数	标准误	Wald	显著水平（P）	OR值
性别为男	1.645	0.816	4.062	0.044	5.181
职业为公司职员	−2.670	1.057	6.383	0.012	0.069
主要出行动机是接受自然教育	3.755	1.496	6.302	0.012	42.733
同行者中有小孩	2.723	1.196	5.187	0.023	15.231

性别为男的回归系数为1.645，并且呈现出0.05水平的显著性（P=0.044<0.05），意味着性别为男对访客偏好产生显著的正向影响关系；OR值为5.181，意味着性别为男的访客选择科普考察的概率是自然体验的5.181倍，即性别为男的访客更可能选择科普考察类生态体验项目。

职业为公司职员的回归系数为−2.670，并且呈现出0.05水平的显著性（P=0.012<0.05），意味着职业为公司职员对访客偏好产生显著的负向影响关系；OR值为0.069，意味着职业为公司职员的访客选择自然体验的概率是科普考察的0.069倍，即职业为公司职员的访客更可能选择自然体验类生态体验项目。

主要出行动机是接受自然教育的回归系数为3.755，并且呈现出0.05水平的显著性（P=0.012<0.05），意味着主要出行动机是接受自然教育对访客偏好产生显著的正向影响关系；OR值为42.733，意味着主要出行动机是接受自然教育的访客选择科普考察的概率是自然体验的42.733倍，即主要出行动机是接受自然教育的访客更可能选择科普考察类生态体验项目。

同行者中有小孩的回归系数为 2.723，并且呈现出 0.05 水平的显著性（P=0.023<0.05），意味着主要出行动机是同行者中有小孩对访客偏好产生显著的正向影响关系；OR 值为 15.231，意味着同行者中有小孩的访客选择科普考察的概率是自然体验的 15.231 倍，即同行者中有小孩的访客更可能选择科普考察类生态体验项目。

由表 6-11 可知，相对于自然体验来讲，在户外运动体验的前提之下，P 值大于 0.05 的自变量不显著，其对因变量不会产生影响关系，即感知有用性、感知易用性、是否去过其他国家公园、对国家公园发展理念的了解程度、出行前生活状态满意度、此次出行满意度、身体素质、省份、年龄、主要出行动机、受教育程度、同行者、性格均对访客偏好没有影响。

表 6-11　回归分析表（户外运动体验/自然体验）

显著的影响因素	回归系数	标准误	Wald	显著水平（P）	OR 值
性别为男	0.592	0.264	5.008	0.025	1.807
月收入 2 001～4 000 元	1.052	0.519	4.109	0.043	2.862

性别为男的回归系数为 0.592，并且呈现出 0.05 水平的显著性（P=0.025<0.05），意味着性别为男对访客偏好产生显著的正向影响关系；OR 值为 1.807，意味着性别为男的访客选择户外运动体验的概率是自然体验的 1.807 倍，即性别为男的访客更可能选择户外运动体验类生态体验项目。

月收入 2 001～4 000 元的回归系数为 1.052，并且呈现出 0.05 水平的显著性（P=0.043<0.05），意味着月收入 2 001～4 000 元对访客偏好产生显著的正向影响关系；OR 值为 2.862，意味着月收入 2 001～4 000 元的访客选择户外运动体验的概率是自然体验的 2.862 倍，即月收入 2 001～4 000 元的访客更可能选择户外运动体验类生态体验项目。

由表 6-12 可知相对于自然体验来讲，在历史文化体验的前提之下，P 值大于 0.05 的自变量不显著，其对因变量不会产生影响关系，即感知有用性、感知易用性、是否去过其他国家公园、对国家公园发展理念的了解程度、出行前生活状态满意度、此次出行满意度、身体素质、性别、省份、年龄、月收入、同行者、性格均对访客偏好没有影响。

表 6-12　回归分析表（历史文化体验/自然体验）

显著的影响因素	回归系数	标准误	Wald	显著水平（P）	OR 值
职业为教师	3.212	1.282	6.283	0.012	24.833
职业为自由职业	1.582	0.795	3.965	0.046	4.866
主要出行动机是体验不同宗教民俗	1.112	0.457	5.930	0.015	3.041

职业为教师的回归系数为 3.212，并且呈现出 0.05 水平的显著性（$P=0.012<0.05$），意味着职业为教师对访客偏好产生显著的正向影响关系；OR 值为 24.833，意味着相对于职业为教师的访客选择历史文化体验的概率是自然体验的 24.833 倍，即职业为教师的访客更可能选择历史文化体验类生态体验项目。

职业为自由职业的回归系数为 1.582，并且呈现出 0.05 水平的显著性（$P=0.046<0.05$），意味着职业为自由职业对访客偏好产生显著的正向影响关系；OR 值为 4.866，意味着职业为自由职业的访客选择历史文化体验的概率是自然体验的 4.866 倍，即职业为自由职业的访客更可能选择历史文化体验类生态体验项目。

主要出行动机是体验不同宗教民俗的回归系数为 1.112，并且呈现出 0.05 水平的显著性（$P=0.015<0.05$），意味着主要出行动机是体验不同宗教民俗对访客偏好产生显著的正向影响关系；OR 值为 3.041，意味着主要出行动机是体验不同宗教民俗的访客选择历史文化体验的概率是自然体验的 3.041 倍，即主要出行动机是体验不同宗教民俗的访客更可能选择历史文化体验类生态体验项目。

（三）小结

（1）在具体的生态体验项目偏好方面，徒步远足排在第一位，排在第二位和第三位的分别是森林探险和野外露营；在生态体验项目类别方面，最受大部分访客喜爱的是自然体验，然后依次是户外运动体验、休闲体验、历史文化体验、科普考察。

（2）在研究访客对生态体验项目类别偏好的影响因素时发现，访客参观游览国家公园的动机与访客选择的生态体验项目类别十分吻合，在选择科普考察类生态体验项目与历史文化体验类生态体验项目上访客的出行动机对偏好有显著的影响。在选择科普考察类生态体验项目和户外运动体验类生态体验项目上，性别也对偏好产生了显著的影响，相对自然体验类，性别为男的访客更可能选择以上两种类别的生态体验项目。在对访客的访谈中得知男性对新兴的科普考察类生态体验项目比较感兴趣并表示愿意尝试，且男性天生对具有挑战性的户外运动更加喜爱和向往。在选择自然体验类生态体验项目上，身体素质、感知易用性（是否掌握户外运动技能）、职业会对偏好有显著的影响，身体素质较好、感知易用性高（具备一定的户外知识和技能）、职业为公司职员的访客通常对体验大自然的需求较高，所以更偏好自然体验类的生态体验项目。相对于自然体验类，曾去过其他国家公园、月收入较低的访客更可能选择休闲体验类生态体验项目，这与此类项目在其他大众景区开设较多访客较为了解且参与成本较低有关；同行者中有小孩的访客更可能选择科普考察类生态体验项目，这与此类生态体验项目中含有专门为青少年设计的独具特色的生态体验项目有关，访客更愿意让孩子参与这类可以提高素质、增长知识的生态体验项目；月收入较低的访客更可能选择户外运动体验类的生态体验项目，可能是因为类似登山、森林探险的生态体验项目成本较低，参与这些项目的花销较小在他们的可接受范围之内；职业为教师或自由职业的访客对国家公园的文化内涵要求更高，更可能选择历史文化体验类生态体验项目。

第七章　结论及对策建议

一、结论

（1）本书通过对六大洲（除南极洲）20 个国家 200 个国家公园的生态体验项目研究和梳理发现，国外国家公园的生态体验项目主要分为休闲体验、户外运动体验、动植物观赏体验、历史文化体验、观光体验、科普考察、特色景观观赏体验、康养体验 8 个类别，各国家公园的生态体验项目有很多共同的内容，如“徒步远足”“野外露营”“野生动植物观赏”“少年护林员计划”等。除此之外，各国家公园还根据自身资源禀赋为访客提供了独具特色的生态体验项目，如美国的卡尔斯巴德洞穴国家公园的“领养蝙蝠计划”，总体来说国外国家公园生态体验项目发展成熟，生态体验项目类别丰富，能够满足访客的多样化和个性化需求。

（2）相较于国外，国内国家公园的发展重心暂时还放在生态环境监测和保护上，生态体验项目还停留在观光层面，体验型的生态体验项目较少，但已有一些国家公园做出了前瞻性的尝试，如三江源国家公园在 3 个园区分别提供了雪豹观察（澜沧江源园区）、野生动物观赏（长江源园区）、黄河寻源计划（黄河源园区）等各具特色的体验型项目。

（3）普达措国家公园的资源条件优越，适宜开展各类生态体验项目。目前，普达措国家公园为访客提供的生态体验项目有“栈道观光游览”“环保游船观光”“徒步穿越”“自然教育”。在调查访客对生态体验项目及服务的满意度后发现，栈道观光游览、徒步穿越、工作人员服务受到访客的一致好评，而在藏族文化体验和购物体验方面访客满意度较低；在调查访客感知差异后发现，访客普遍认为普达措国家公园与其他大众景区相比拥有更丰富的自然资源且开发痕迹小、资源保留完整且具有原真性，较为欠缺的是自然教育形式多样性、讲解员专业性及人文资源方面的介绍和历史文化氛围。

（4）基于对国内外国家公园生态体验项目的研究，结合普达措国家公园资源禀赋、生态体验项目现状与管理方的创新意愿，本书为设计开发普达措国家公园生态体验项目提出如下建议：国家公园内的生态体验项目可分为自然体验、休闲体验、科普考察、户外运动体验、历史文化体验5个类别。其中，自然体验以正在开发设计中的“徒步远足”为主；休闲体验以正在开发设计中的“野外露营”为主；科普考察以目标群体为青少年的“少年护林员计划”、目标群体为成年人的“教师研讨会”为主；户外运动体验可依靠普达措国家公园得天独厚的森林资源开展“森林探险”“野外生存训练”“野外定向运动”等生态体验项目；历史文化体验需因地制宜，利用普达措国家公园属于藏区的特殊地理位置，以藏族文化体验为主开展“藏民家访”“拜佛转经”。

（5）在对普达措国家公园访客生态体验项目及其类别的偏好调查中发现，在具体的生态体验项目偏好方面，徒步远足排在第一位，排在第二位和第三位的分别是森林探险和野外露营，进一步说明访客对亲近大自然的渴望及对体验型项目的偏好；在生态体验项目类别方面，最受大部分访客喜爱的是自然体验，然后依次是户外运动体验、休闲体验、历史文化体验、科普考察。影响访客生态体验项目类别偏好的因素有感知易用性、身体素质、是否曾去过其他国家公园、月收入、性别、职业、主要出行动机及同行者。

二、对策建议

为创新设计普达措国家公园生态体验项目，正确引导访客体验国家公园游憩功能，丰富访客游憩体验，本书认为可以从项目设计、营销方式、经营方式、访客管理4个方面采取相应措施。

（一）项目设计

结合国外国家公园生态体验项目开发的经验，我国国家公园生态体验项目的设计应在坚持保护优先的基础上，根据各个国家公园的资源禀赋特征设计具有自身特色的标志性生态体验项目，加强项目的体验性和参与性，丰富生态体验项目的类别与形式。

（1）在设计自然体验类生态体验项目时，普达措国家公园应考虑到观光体验的需要和审美体验的涉入。在徒步远足的线路设计上，应让访客在不同的行路阶段置身于不同的景观美景之中，沿途可以聆听瀑布、溪泉，观赏森林景观、独特的地质地貌，感受鲜明的藏族文化，达到视觉和听觉享受的和谐，进而舒缓压力感受放松和愉悦，同时还需要设计多个不同亮点、不同长度和难度的徒步路线以满足不同访客的徒步需求；普达措国家公园可以提供骑马游览公园的生态体验项目，不同于破坏环境的骑马方式，参与此生态体验项目需要专业人士的带领，骑行路线与时间也应严格遵守公园的设计与规定。

（2）休闲体验类生态体验项目的设计应体现休闲性、独特性与创新性。在保护自然环境不受破坏和影响的前提下，普达措国家公园可以在合适的区域开展野外露营，可以是传统的帐篷露营，也可以是房车露营、木屋露营等其他形式，在露营地的建设上，可以根据当地情况建设自助营地或步入式营地；普达措国家公园可以开展野生动植物观赏，聘请相关领域的专家或志愿者向访客普及普达措国家公园特有动物中甸叶须鱼，以及其他野生动物如岩羊、松鼠、小熊猫、白腹锦鸡、血雉等，珍稀植物如云杉、云锦杜鹃、长松萝等的相关知识；普达措国家公园还可以设置一个活动日历，在每年的特定时间设置不同的主题活动，发布在国家公园网站上，以供访客预约参加，活动主题可以是“天文”“湖泊”“动植物”“民族文化”等。

（3）国家公园应承担国家意识培养和自然教育功能，该功能可以在访客游览过程中实现，参与体验科普考察类生态体验项目是实现上述功能的路径之一。此类项目的设计要考虑到访客对认知体验的需求，注重对访客有关野生动植物知识、森林知识、文化知识的宣传教育，让访客在了解相关知识的同时接受生态文明的熏陶，启发访客对大自然的尊重和感动，增强对祖国大好河山的民族自豪感。普达措国家公园可与中小学合作，针对不同年龄段的学生开设寓教于乐的生态体验项目“少年护林员计划”；普达措国家公园可与高校合作，将生态体验项目“教师研讨会”作为相关专业学生的必修或选修课程；普达措国家公园可采用先进的科技来设计建设“重唇鱼主题科普教育馆”，如增加 VR 多人互动、引进智能机器人等，提高场馆的互动性趣味性，让访客在轻松、愉快的情景中主动参与活动、接受知识的熏陶。

(4) 户外运动体验类生态体验项目的设计需要注重访客的补偿体验需求。在设计中可依托富含氧气、植物精气及小气候的森林环境，设置森林探险地点、登山路线及森林休憩平台等服务设施，使访客通过肌体的运动，进而增强机体的活力和促进身心健康；野外生存训练与野外定向运动的场地需要考虑访客对大自然带来的负面影响，以保护优先的原则在一般控制区内选择活动范围，应邀请专业人士根据地形特点来设计野外生存训练课程及野外定向运动的规则，为提升访客体验、保证访客安全，在开展这些项目时足够数量的工作人员配备是十分必要的。

(5) 历史文化体验类生态体验项目的设计应该发挥普达措国家公园地处藏区的优势，充分展现具有鲜明特色的藏族传统文化，为访客带来沉浸式体验。普达措国家公园内有若干个藏族村，其中以洛茸村和尼汝村为代表，村寨应挖掘自身文化特色，增设香格里拉藏族历史文化观览区；带领访客体验藏传佛教中的拜佛转经习俗；引导访客参与藏酒、藏锦的制作；观赏多姿多彩的藏族舞蹈，聆听藏族民歌；品尝特色藏族美食，如青稞酒、酥油茶；提供类似参与藏族家庭的日常生活，做一天“藏族人”的生态体验项目。

(二) 营销方式

据调研发现，访客在到达普达措国家公园后，正式游览之前是国家公园理念宣传的黄金时间，应把握时机在景区入口广场及访客中心由工作人员向访客宣传国家公园理念、发放国家公园介绍手册，并设置多个站点引导访客参加国家公园有奖知识问答；另外，在符合国家公园主题理念的相关微博、微信公众号、企业论坛等网络交互平台上进行科普文章、宣传视频的推送将会是较为有效的宣传营销方式。本书基于对访客偏好的研究，认为普达措国家公园生态体验项目的宣传和营销可以从以下5个方面进行：

(1) 相较于其他4类生态体验项目，感知易用性高、身体素质好、职业为公司职员的访客更愿意选择自然体验类生态体验项目。因此，公园必须从各个方面来提高访客的感知易用性，可以通过入园前对访客进行相关培训；在生态体验项目介绍中对所需技能进行介绍和解读等方式方法；在设计时对项目的舒适度及所需身体机能进行分级，以供访客选择适合自己的生态体验项目。在宣传营销方面应积极与各企业各公司合作，为客源市场的拓展打开局面。

（2）相对于自然体验，曾去过其他国家公园、月收入较低的访客更愿意选择休闲体验类生态体验项目，因此未来对生态旅游、国家公园较为了解的专业人群会是此类生态体验项目的核心潜在客户，还表明休闲体验类生态体验项目缺乏对高端市场的把控、对高消费人群的吸引力存在不足和欠缺，未来应该拓宽开发设计思路以期提供覆盖面更广的项目及服务。

（3）科普考察类生态体验项目是访客选择最少的项目类别，这与我国科普考察类生态体验项目较少，大众对此类生态体验项目的认知程度不够，对在游玩中履行环境保护职责及学习接受新知识的理念较为缺乏相关。未来普达措国家公园应通过各种渠道对园内科普考察类生态体验项目进行大幅度宣传，让访客了解并通过活动促进访客体验此类生态体验项目；同时在数据分析中得知同行者中有小孩的访客更愿意选择科普考察类生态体验项目，针对这种现象，可以利用学生夏季出游的机会为访客限量提供“研学亲子游”等生态体验项目。除此之外，普达措特有的野生动植物众多，可以围绕相应主题开设科普教育馆供访客休憩参观。

（4）相对于自然体验，男性、月收入较低的访客更愿意选择户外运动体验类生态体验项目，由此可知此类生态体验项目对女性市场、高端市场的把控较为欠缺。未来在设计此类项目时应注重对女性访客的需求洞察和诉求满足，在开拓高端市场时要注重项目的名气属性，既可以选择设计符合大众心理的现有高端户外项目，也可以自主开发符合公园特色的高端户外项目，并注重对此类项目的宣传营销。

（5）相对于自然体验，职业为教师和自由职业的访客更愿意选择历史文化体验类生态体验项目，此外主要出行动机为体验不同宗教民俗的访客也更愿意选择历史文化体验类生态体验项目，由此可知职业和出行动机均会对访客偏好产生影响，未来普达措国家公园应注重对访客的动机调研，以此为参考调整此类生态体验项目的设计和开发思路，在宣传营销时对相应职业的潜在访客着重表现公园生态体验项目在历史文化体验上的优势与独特之处。

（三）经营方式

在经营方式上，我国已基本确立国家公园需采用特许经营的方式。特许经营主要指国家公园管理机构通过合同等方式，依法授权特定主体在国家公园范围内开展经营活动。根据特许人身份、特许经营的内容和法律属性，可以分为商业特许经营和政府特许经营，其中国家公园的特许经营属于政府特许经营，未来普达措国家公园的特许经营制度的建立和完善需从以下 3 个方面进行：

（1）严格执行国家公园特许经营相关法律法规。普达措国家公园在实施特许经营模式过程中应严格执行相关法律法规，包括特许经营范围、准入审批、经营管理、规划方法、环境影响评价、授权流程、费用与合同、监控方法、业务管理等方面。

（2）制定普达措国家公园特许经营管理制度。普达措国家公园管理局应结合实际通过公开竞标择优选择合作对象；制定合作合同，要求特许经营者编制经营方案，明确生态保护优先的目标；按比例收取特许经营费，统一上缴普达措国家公园管理局，实施收支两条线；加强对特许经营项目的评估和监督，特许经营者需按照由普达措国家公园管理局制定的相关标准准时提交每季度的经营报告。

（3）开展普达措国家公园特许经营企业试点。普达措国家公园可以深入开展国家公园企业特许经营试点，鼓励符合标准的优秀企业进行特许经营项目申报，在经营中探索项目的实施方式、合同内容及管理体制等，打造一批普达措国家公园特许经营示范项目，最后在实践中总结经验和问题，打造可推广借鉴的普达措特许经营项目示范标杆。

（四）访客管理

在国家公园的可持续发展过程中，访客担任着重要角色，科学的访客管理将避免及解决一部分困难与问题，使访客在国家公园内的体验品质最大化，并且能更好地发挥国家公园对访客的自然教育功能。针对普达措国家公园的实际情况，将对访客的管理概述为以下几个方面：

（1）出台管理政策。面对访客带来的生态和社会影响，普达措国家公园应出台访客管理政策，根据公园自身需求，要求访客在游览过程中遵守各项准则，同时建立不文明行为黑名单，及时曝光各种不文明访问行为，以最大限度地通过政策规范访客的活动，减少访客对公园自然环境、人文环境的破坏和影响，推动国家公园实现生态保护和访客享受自然的双重目标。

（2）重视访客体验。根据实地调查，访客在游憩过程中会多次需要公园工作人员的专业帮助和建议，因此普达措国家公园除游客服务中心外，还应在各个游憩片区设置多个游客服务点，保证访客在路线选择、饮食、居住、安全、参与公园各类生态体验项目、投诉等方面的服务质量，提升访客的游憩体验。

（3）培养管理人员。普达措国家公园需重点培训现有管理人员的生态意识、环保意识和管理技能；依托高校等专门机构建立人才培训基地，有意识地培养一批专业的国家公园讲解员队伍；完善社会参与合作机制，重视伙伴关系，引入生态保护、自然教育、科研等各领域的专家及专业志愿者。

（4）控制访客流量。建立环境监测体系，确定各个游憩片区的环境承载量，将访客数量始终控制在公园环境承载量的范围之内；在旅游旺季期间，应根据普达措国家公园最大承载量，进行线上线下门票预售，有效控制每天的访客数量；公园管理部门可使用微信公众号、官网等平台，提前告知访客公园将进入高峰旺季，引导访客提前规划好路线及提前购票；在公园门口及内部各片区的入口处均设置屏幕，实时显示客流统计信息、更新各景点人数，提供给访客参考；公园管理部门应建立高峰预警预案，当访客人数达到最大承载量时，合理安排疏散分流。

（5）实行自然教育。普达措国家公园目前对访客的自然教育主要以导游在环保大巴车上的简单讲解及自导式解说标牌为主，同时提供扫码领取实时讲解音频，但根据实地调查，使用此功能的访客较少。对访客的自然教育不能局限于环境解说系统或游览访客中心，以及发放千篇一律的游览手册，未来应将对访客的自然教育以多种多样的形式融入公园主题活动开展、生态体验项目设计、基础设施改造和周边社区的居民生活中，如以“浪费和乱扔垃圾”为主题设计环保活动，在访客中开展教育和宣传。

（6）配备急救设施。在对普达措国家公园的实地调查中发现，由于普达措国家公园海拔较高，大量访客反映园内只有简单且数量稀少的吸氧点，而且没有配备相应的急救设施，在这种情况下，访客若发生意外，工作人员将因缺少相应急救设施而导致救援失败。因此，普达措国家公园应在园内海拔较高、人员密集处按照一定距离配备足够数量的急救药品、器材和设施，包括但不限于自动体外除颤器、简易呼吸器等，并且还应在访客入园前对其进行知识普及或简易培训，内容包括但不限于急救知识和技能、园内急救设施的使用方式。

（7）完善管理体系。访客管理涉及面广，包含着访客需求管理、访客容量管理、访客体验管理、访客行为管理、访客投诉管理等。普达措国家公园应根据自身情况尽快建立访客管理体系，为访客管理中的各项制度制定统一标准，注意访客在游憩过程中的反馈和建议，不断修改和完善原有体系，提升访客游憩体验及保护环境、传承民族文化的意识，促进普达措国家公园人与自然和谐共生，实现国家公园的全民公益性，推动形成人与自然和谐发展现代化建设新格局。

参 考 文 献

白凯，严艳，高言铃，2011．“80后”消费群体人格特质对其旅游偏好的影响研究［J］．北京第二外国语学院学报（1）：68-75.

布莱恩·泰勒，张引，2020．布莱恩·泰勒：英国峰区国家公园的社区规划与合作［J］．北京规划建设（4）：191-195.

车丽丽，2016．山东老年旅游消费偏好的调查研究［D］．蚌埠：安徽财经大学．

陈安泽，2013．旅游地学大辞典［M］．北京：科学出版社．

陈洁，陈绍志，徐斌，2014．西班牙国家公园管理机制及其启示［J］．北京林业大学学报（社会科学版）（4）：50-54.

陈鹏，2015．大陆游客赴台旅游影响的台湾居民感知差异分析［J］．经济研究导刊（15）：257-260.

陈耀华，黄朝阳，2019．世界自然保护地类型体系研究及启示［J］．中国园林（3）：40-45.

陈玉英，2006．旅游目的地游客感知与满意度实证分析——开封市旅游目的地案例研究［J］．河南大学学报（自然科学版）（4）：62-66.

戴其文，肖刚，徐伟，等，2014．桂林市非物质文化遗产的游客感知差异与旅游需求分析［J］．地域研究与开发（4）：109-114，147.

丁红卫，李莲莲，2020．日本国家公园的管理与发展机制［J］．环境保护（21）：66-71.

丁健，李林芳，2003．广州市居民的旅游偏好和出游时间研究［J］．桂林旅游高等专科学校学报（1）：32-36.

定琦，2016．国外农业生态体验旅游现状及对我国的启示［J］．黑龙江畜牧兽医（10）：274-276.

董禹，陈晓超，董慰，2019．英国国家公园保护与游憩协调机制和对策［J］．规划师（17）：29-35，43.

方玮蓉，2021．三江源国家公园精益化可持续发展模式研究——以果洛藏族自治州M县生态体验项目为例［J］．青海民族研究（1）：53-59.

高军，马耀峰，吴必虎，等，2010．外国游客对华旅游城市感知差异——以11个热点城市为例的实证分析［J］．旅游学刊（5）：38-43.
葛学峰，武春友，2010. 乡村旅游偏好差异测量研究：基于离散选择模型［J］．旅游学刊（1）：48-52.
官卫华，姚士谋，2007. 国外国家公园发展经验及其对我国国家风景名胜区实践创新的启示［J］．江苏城市规划（2）：27-30，43.
韩双斌，2018. 苏州非物质文化遗产游客感知差异研究［J］．经济研究导刊（36）：32-36.
何洋，2019. 中俄度假旅游者偏好和行为特征比较研究［D］．大连：东北财经大学．
黄耀雯，1998. 台湾“国家公园”建制过程之研究［D］．台北：台湾大学．
李丽娟，毕莹竹，2018. 新西兰国家公园管理的成功经验对我国的借鉴作用［J］．中国城市林业（2）：69-73.
李丽娟，毕莹竹，2019. 美国国家公园管理的成功经验及其对我国的借鉴作用［J］．世界林业研究（1）：96-101.
李然，2020. 德国保护地体系评述与借鉴［J］．北京林业大学学报（社会科学版）（1）：12-21.
李学江，2005. 关于生态旅游的几个问题［J］．理论学刊（5）：27-29.
李艳秋，2009. 香格里拉普达措国家公园发展旅游循环经济的保障体系研究［D］．昆明：云南师范大学．
李渊，谢嘉宬，杨林川，2018. 基于SP法的旅游者景点选择需求偏好与规划应对［J］．旅游学刊（12）：88-98.
梁江川，2006. 沪杭甬居民旅游偏好及产品开发策略［J］．旅游科学（6）：59-64.
廖凌云，杨锐，曹越，2016. 印度自然保护地体系及其管理体制特点评述［J］．中国园林，32（7）：31-35.
刘丹丹，2014. 基于地域特征的国家公园体制形成　以肯尼亚国家公园为例［J］．风景园林（3）：120-124.
刘惊铎，2006. 生态体验：道德教育的新模式［J］．教育研究（11）：65.
刘焰，张大勇，刘华楠，2003. 中国西部生态旅游产品功能分区模式设计［J］．科技进步与对策（7）：31-32.
卢睿，2010. 基于生态旅游体验的生态旅游景区建设研究［J］．安徽农业科学（28）：15871-15873.
罗艳菊，吴楚材，邓金阳，等，2009. 基于环境态度的游客游憩冲击感知差异分析［J］．旅游学刊（10）：45-51.
吕偲，雷光春，2014. 芬兰的保护体系与国家公园［J］．森林与人类（5）：125-127.

马耀峰，赵华，王晓峰，2006. 来华美国旅游者旅游偏好的实证研究［J］. 西北大学学报（自然科学版）(1)：137-140.

满歆琦，2020. 国家公园旅游产品开发研究［J］. 绿色科技（5）：182-184.

冒小栋，范涛，王曦，等，2018. 江西省重点景区游客感知差异研究［J］. 江西科学（5）：884-889.

彭建，桂美华，2020. 日本国家公园可持续旅游发展的经验与启示研究——以富士箱根伊豆国家公园为例［J］. 北京林业大学学报（社会科学版）(3)：17-24.

任唤麟，谭海霞，刘勋，2010. 西洞庭湖湿地生态体验旅游开发研究［J］. 生态经济（1)：105-109.

塞尔吉奥·布兰，2018. 巴西国家公园体系建设历程［J］. 林业建设（5)：58-67.

宋天宇，2020. 美国国家公园建设管理的经验与启示［J］. 林业建设（6)：1-7.

苏红巧，苏杨，2018. 国家公园不是旅游景区，但应该发展国家公园旅游［J］. 旅游学刊（8)：2-5.

隋丽娜，程圩，2014. 三类不同开放程度景区游客感知差异研究［J］. 人文地理（4)：126-133.

孙广勇，俞懿春，2018. 泰国推进绿色国家公园建设［N］. 人民日报，05-04（22）.

汤文豪，陈静，陈丽萍，等，2020. 加拿大自然保护地体系现状与管理研究［J］. 国土资源情报（5)：12-17.

唐芳林，孙鸿雁，王梦君，等，2017. 南非野生动物类型国家公园的保护管理［J］. 林业建设（1)：1-6.

唐芳林，孙鸿雁，王梦君，等，2018a. 国家公园管理局内部机构设置方案研究［J］. 林业建设（2)：1-15.

唐芳林，王梦君，李云，等，2018b. 中国国家公园研究进展［J］. 北京林业大学学报（社会科学版）(3)：17-27.

唐芳林，王梦君，孙鸿雁，2018c. 建立以国家公园为主体的自然保护地体系的探讨［J］. 林业建设（1)：1-5.

田世政，杨桂华，2011. 中国国家公园发展的路径选择：国际经验与案例研究［J］. 中国软科学（12)：6-14.

王东山，2017. 消费者购买决策理论评述与展望［J］. 商业经济研究（21)：43-46.

王舒婷，孙宝鼎，2013. 吉林省红色旅游游客偏好研究［J］. 旅游纵览（下半月）(6)：116-119.

王莹，徐东亚，2009. 新假日制度对旅游消费行为的影响研究——基于在杭休闲旅游者的调查［J］．旅游学刊（7）：48-52.
王祝根，李晓蕾，史蒂芬·J，2017. 澳大利亚国家保护地规划历程及其借鉴［J］．风景园林（7）：57-64.
蔚东英，2017. 国家公园管理体制的国别比较研究——以美国、加拿大、德国、英国、新西兰、南非、法国、俄罗斯、韩国、日本10个国家为例［J］．南京林业大学学报（人文社会科学版）（3）：89-98.
魏小安，魏诗华，2004. 旅游情景规划与项目体验设计［J］．旅游学刊（4）：38-44.
伍晓奕，2005. 体验式旅游的革新战略［J］．商业经济文荟（3）：56-58.
肖练练，钟林生，周睿，等，2017. 近30年来国外国家公园研究进展与启示［J］．地理科学进展（2）：244-255.
徐菲菲，2015. 制度可持续性视角下英国国家公园体制建设和管治模式研究［J］．旅游科学（3）：27-35.
徐国良，万春燕，甘萌雨，2012. 福州市历史街区游客意象空间感知差异研究［J］．重庆师范大学学报（自然科学版）（2）：94-98.
徐基良，李建强，刘影，2014. 各具特色的国家公园体系［J］．森林与人类（5）：118-124.
颜丙金，张捷，李莉，等，2016. 自然灾害型景观游客体验的感知差异分析［J］．资源科学（8）：1465-1475.
姚云浩，栾维新，2019. 基于TAM-IDT模型的游艇旅游消费行为意向影响因素［J］．旅游学刊（2）：60-71.
殷姿，王颖哲，2016. 基于旅游体验过程的游客感知评价实证研究［J］．旅游纵览（下半月）（12）：27.
虞虎，阮文佳，李亚娟，等，2018. 韩国国家公园发展经验及启示［J］．南京林业大学学报（人文社会科学版）（3）：77-89.
郁从喜，陆林，2008. 国外近年来游客旅游偏好研究综述及启示［J］．安徽师范大学学报（自然科学版）（6）：590-595.
詹新惠，马耀峰，刘军胜，等，2016. 旅游目的地供给感知差异研究——“故地重游”与“初来乍到”对比［J］．西北大学学报（自然科学版）（1）：129-133.
张铭晋，2012. 出境游目的地选择偏好的影响因素的实证研究［D］．长沙：中南大学.
张守攻，2021. 创刊词［J］．自然保护地（1）：1.
张天星，唐芳林，孙鸿雁，等，2018. 阿根廷国家公园建设与管理机构设置对我国国家公园的启示［J］．林业建设（2）：16-21.

张天宇，乌恩，2019. 澳大利亚国家公园管理及启示［J］. 林业经济（8）：20-24，29.

张婉洁，潘瑶，王俊，等，2019. 越南的森林资源及其管理［J］. 西部林业科学（1）：146-152.

张引，庄优波，杨锐，2018. 法国国家公园管理和规划评述［J］. 中国园林（7）：36-41.

张玉钧，张海霞，2019. 国家公园的游憩利用规制［J］. 旅游学刊（3）：5-7.

赵倩，2019. 泰国国家公园访客旅游认知研究［D］. 重庆：西南大学.

真坂昭夫，2001. 生态旅游定义及其概念形式的历史性考察［R］. 大阪：国立民族学博物馆（23）：13-37.

周波，周玲强，吴茂英，2017. 智慧旅游背景下增强现实对游客旅游意向影响研究——一个基于 TAM 的改进模型［J］. 商业经济与管理（2）：71-79.

周涛，2019. 云南建立以国家公园为主体的自然保护地体系经济价值研究［D］. 昆明：云南财经大学.

朱春全，2016. 世界自然保护联盟（IUCN）自然保护地管理分类标准与国家公园体制建设［J］. 陕西发展和改革（3）：7-11.

朱艳秋，张辉，杨荣，2016. 乡村旅游偏好研究—以陕西省兴平市马嵬驿为例［J］. 河南科学（8）：1380-1385.

朱永杰，2020. 缤纷艳丽韩国国家公园［N］. 中国绿色时报，10-23（3）.

邹晨斌，李明华，2017. 我国国家公园多方化管理探析——以越南丰芽格邦国家公园共存管理模式为例［J］. 世界林业研究（4）：63-67.

ALLAN P，ALLAN T，ALEXANDER T，2017. Differences in perception and reaction of tourist groups to beach marine debris that can influence a loss of tourism revenue in coastal areas［J］. Marine Policy（85）：87-99.

ANKOMAHP K，CROMMPTON J，BAKER D，1996. Influence of cognitive distance in vacation choice［J］. Annals of Tourism Research（1）：138-150.

AZLIZAM A，NURUL A，ZAINOL，2009. Local and foreign tourists′ image of highland tourism destinations in Peninsular Malaysia［J］. Pertanika Journal of Social Science and Humanities（1）：33-45.

BETTMAN J，LUCE M，PAYNE J，1998. Constructive Consumer Choice Processes［J］. Journal of Consumer Research，25（3）：187-217.

BONN，MARK A，SACHA M，et al，2005. International versus Domestic Visitors：An Examination of Destination Image Perceptions［J］. Journal of Travel Research（3）：294-301.

DAVIS F，1989. Perceived usefulness，perceived ease of use，and user acceptance of information technology [J] . Management Information Systems Quarterly（3）：319-339.

GEORGOPOULOU E，MIRASGEDIS S，SARAFIDIS Y，et al，2019. Climatic preferences for beach tourism：an empirical study on Greek islands. [J] . Theoretical and Applied Climatology（1-2）：667-691.

German Federal Agency for Nature Conservation. Tasks [EB/OL] .（2021-04-11）[2021-05-30] . http：//www. bfn. de/aufgaben.

HJERPE E，KIM Y，2007. Regional economic impacts of Grand Canyon river runners [J]. Journal of Environmental Management（1）：137-149.

JENNIFER K，SUSAN A，STEFANIE F，2010. The impacts of tourism on two communities adjacent to the Kruger National Park，South Africa [J] . Development Southern Africa（5）：663-678.

KATALIN L，ZSUZSANNA B，JANOS C，2020. Customer Involvement in Sustainable Tourism Planning at Lake Balaton，HungaryAnalysis of the Consumer Preferences of the Active Cycling Tourists [J] . Sustainability，12（12）：5174.

Les parcs nationaux de France，2021. The Organization of the Territory of a French National Park [EB/OL] .（2021-01-13）[2020-05-30] . http：//www. parcsnationaux. fr/fr/des-decouvertes/les-parcsnationaux-de-france/lorganisation-du-territoiredun-parc-national-francais.

MATTHEW J，WALPOLE，HAROLD J，2000. Goodwin. Local economic impacts of dragon tourism in Indonesia [J] . Annals of Tourism Research（3）：559-576.

MERON T，NICOLE G，AMANUEL W，et al，2018. Do Tourists' Preferences Match the Host Community' s Initiatives a Study of Sustainable Tourism in One of Africa' s Oldest Conservation Areas [J] . Sustainability，10（11）：4167.

MOYLE B D，SCHERRER P，WEILER B，et al，2017. Assessing preferences of potential visitors for nature-based experiences in protected areas [J] . Tourism Management（64）：29-41.

NAGATHISEN K，2020. Tourist perceptions and preferences of authenticity in heritage tourismVisual Comparative Study of George Town and Singapore [J] . Journal of Tourism and Cultural Change（4）：371-385.

NUR B，MERVE D，2015. The stakeholders point of view about the impact of recreational and tourism activities on natural protected area：a case study from Kure Mountains

National Park, Turkey [J] . Biotechnology & Biotechnological Equipment (6): 1092-1103.

OGHENETEJRI D, OGBANERO P, PEET V, 2019. Nature Tourism Satisfaction in Okomu National Park, Edo State, Nigeria [J] . Polish Journal of Sport and Tourism (4): 32-37.

OZER S, FERIKA N, MURAT, 2019. Discovering the food travel preferences of university students [J] . Tourism : An International Interdisciplinary Journal (1): 47-58.

PAOLA P, FRANCESCA C, VITTORIA D, et al, 2015. Understanding Preferences for Nature Based and Sustainable Tourism The Role of Personal Values and General and Specific Environmental Attitudes [J] . CURRENT RESEARCH IN PSYCHOLOGY (1): 1-14.

RIIKKA P, JARKKO S, 2013. New Role of Tourism in National Park Planning in Finland [J] . The Journal of Environment & Development (4): 411-434.

RUCHI B, 2021. People and protected areas in India [EB/OL] . (2021-02-02) [2021-05-30] . http: //www. fao. org/docrep/x3030e/x3030e05. html.

SAGUN P, USHA A, 2017. Understanding tourist preferences for travel packages a conjoint analysis approach [J] . Asia Pacific Journal of Tourism Research (12): 1238-1249.

TONY P, 2001. Modeling carrying capacity for national parks [J] . Ecological Economics (3): 321-331.